海水健康养殖技术丛书

HAISHUI XIELEI JIANKANG YANGZHI JISHU
海水蟹类健康养殖技术

刘洪军　官曙光　冯　蕾　编著

中国海洋大学出版社
·青岛·

图书在版编目(CIP)数据

海水蟹类健康养殖技术/刘洪军,官曙光,冯蕾编著.—青岛:中国海洋大学出版社,2006.12

(海水健康养殖技术丛书)

ISBN 7-81067-853-1

Ⅰ.海… Ⅱ.①刘…②官…③冯… Ⅲ.蟹类－海水养殖
Ⅳ.S968.25

中国版本图书馆 CIP 数据核字(2006)第 023463 号

出版发行	中国海洋大学出版社
社　　址	青岛市香港东路 23 号　邮政编码　266071
网　　址	http://www2.ouc.edu.cn/cbs
电子信箱	hdcbs@ouc.edu.cn
订购电话	0532－82032573(传真)
丛书策划	魏建功
责任编辑	魏建功　　　　　电　话　0532－85902121
印　　制	日照报业印刷有限公司
版　　次	2006 年 12 月第 1 版
印　　次	2006 年 12 月第 1 次印刷
成品尺寸	140 mm×203 mm
彩　　页	2
印　　张	8.625
字　　数	188 千字
定　　价	18.00 元

三疣梭子蟹

养殖的三疣梭子蟹

三疣梭子蟹测量

养殖的三疣梭子蟹

锯缘青蟹幼蟹

锯缘青蟹

锯缘青蟹

前言

　　海水经济蟹类的养殖作为海水养殖业的重要组成部分,随着社会主义市场经济的不断发展,海水经济蟹类的健康养殖在我国沿海地区如雨后春笋般地迅速开展起来。但随着人们生活水平的提高,人们对水产品的安全质量越来越重视,绿色无公害的健康食品成为消费的时尚。因此,大力倡导和发展无公害水产品的健康养殖,提高产品的质量和档次,就必须要求养殖业者转变观念,掌握新技术,生产健康的绿色食品,满足人们的绿色消费需求。

　　为了满足广大养殖业者对海水蟹类健康养殖技术的要求,提高经济效益,增加养殖业者的收入,我们编写了《海水蟹类健康养殖技术》一书。本书系统地介绍了三疣梭子蟹、锯缘青蟹的生物学特性、苗种生产技术、池塘无公害健康养殖技术、育肥、越冬、运输技术及病害防治等知识。以面向群众,立足技术与知识推广为主旨,力求做到通俗易懂、实用性强、便于操作。

本书可供广大蟹类养殖人员、水产工作者使用,也可供水产院校师生,有关科技人员及管理干部参阅。

由于水平有限,书中难免存在遗漏及不妥之处,殷切期望读者予以指正。

编著者
2006 年 8 月

目 次

第一章 三疣梭子蟹健康养殖技术 …………… 1
  第一节 梭子蟹分类地位及地理分布 ………… 2
    一、三疣梭子蟹 ……………………………… 2
    二、远海梭子蟹 ……………………………… 3
    三、红星梭子蟹 ……………………………… 4
  第二节 三疣梭子蟹的生物学特性 …………… 4
    一、外部形态特征 …………………………… 4
    二、内部构造特征 …………………………… 6
  第三节 三疣梭子蟹的生态习性 ……………… 7
    一、生活习性 ………………………………… 7
    二、食性 ……………………………………… 8
    三、蜕壳与生长 ……………………………… 11
    四、繁殖习性 ………………………………… 16
  第四节 三疣梭子蟹的苗种生产 ……………… 27
    一、育苗设施 ………………………………… 27
    二、亲蟹 ……………………………………… 27
    三、孵化 ……………………………………… 32
    四、幼体培育 ………………………………… 33
    五、幼蟹培育 ………………………………… 46
    六、幼蟹出池、计数与运输 ………………… 46

七、病害及防治 ································ 47
第五节 三疣梭子蟹的成蟹养殖 ················ 49
一、池塘养殖 ···································· 50
二、三疣梭子蟹的其他养殖方法 ············ 62
第六节 三疣梭子蟹的病害及防治 ············ 65
一、预防措施 ···································· 65
二、疾病的防治 ································ 65
第七节 三疣梭子蟹的活运技术 ··············· 68
一、运输蟹的选择和暂养 ····················· 68
二、装筐、麻醉 ································ 68
三、称量、按规格分级 ························ 69
四、装箱及运输 ································ 69

第二章 锯缘青蟹健康养殖技术 ············ 70
第一节 锯缘青蟹的分类地位及地理分布 ······· 71
第二节 锯缘青蟹的生物学特性 ··············· 72
一、外部形态特征 ······························ 72
二、内部构造特征 ······························ 76
第三节 锯缘青蟹的生态习性 ·················· 80
一、生活习性 ···································· 80
二、食性与摄食 ································ 85
三、自切与再生 ································ 86
四、蜕壳与生长 ································ 87
五、繁殖习性 ···································· 91
第四节 锯缘青蟹的苗种生产 ·················· 109
一、锯缘青蟹全人工育苗 ····················· 109
二、天然锯缘青蟹苗的利用 ·················· 130
第五节 锯缘青蟹养成技术 ····················· 135

一、池塘养殖 …………………………… 136
二、锯缘青蟹混养 ……………………… 159
三、锯缘青蟹育肥 ……………………… 176
四、锯缘青蟹的其他养殖方法 ………… 182
五、锯缘青蟹越冬 ……………………… 192
六、养成、育肥期间病害防治 ………… 195

附录 ……………………………………… 206
附录一 农产品安全质量 无公害水产品产地环境要求（GB/T 18407.4—2001） ……………………… 206
附录二 渔业水质标准（GB 11607—89） …… 208
附录三 无公害食品 海水养殖用水水质（NY 5052—2001） ……………………… 215
附录四 无公害食品 渔用药物使用准则（NY 5071—2002） ……………………… 220
附录五 无公害食品 水产品中渔药残留限量（NY 5070—2002） ……………………… 232
附录六 无公害食品 水产品中有毒有害物质限量（NY 5073—2001） ……………………… 237
附录七 食品动物禁用的兽药及其它化合物清单 ……………………… 241
附录八 常用清塘药物及使用方法 ……… 244
附录九 无公害食品 三疣梭子蟹养殖技术规范（NY T 5163—2002） ……………………… 244
附录十 无公害三疣梭子蟹的检测与质量要求（NY 5162—2002） ……………………… 253
附录十一 国产筛绢、筛网型号、规格对照表 …… 255
附录十二 国际标准筛绢规格 255 257

附录十三　不同温度下海水相对密度和盐度查对表 …………………………………………… 257
附录十四　各种粪肥肥效成分含量 …………… 262

参考文献 ……………………………………… 263

第一章 三疣梭子蟹健康养殖技术

三疣梭子蟹是我国沿海重要的经济蟹类,传统的名贵海产品,其肉质鲜美、营养丰富。据中国预防医学科学院等单位的分析,其可食部分占49%,蛋白质15.9%,脂肪3.1%,碳水化合物0.9%,灰分2.6%。在100 g蟹肉中,维生素A为121 μg,维生素E为4.56 mg,硒90.96 μg。肉和内脏在医药上有清热、散血、滋阴的作用,也用于漆疮、湿热和产后血闭的治疗。蟹壳有清热解毒、消淤和止痛作用,还用于治疗无名肿痛、乳痛、冻疮和跌打损伤,也用于饲料工业及提取甲壳素等工业的原料。因此,三疣梭子蟹深受国内外消费者喜爱,是重要的出口创汇产品,商品价值极高。

梭子蟹以前资源十分丰富,但由于捕捞过度,20世纪70年代开始世界和我国梭子蟹资源日趋下降,已引起有关国家对增殖放流和养殖的重视,并先后开展了苗种生产和增养殖的研究。

关于梭子蟹的增养殖，日本早在 20 世纪 30 年代末，就开始了基础研究，1963 年，在八冢刚等试验的基础上，开始了苗种生产的尝试。1964 年开始了工厂化生产。1966 年以来，在濑户内海进行放流增殖，收效甚好。我国三疣梭子蟹的研究和生产比较晚，我国沿海渔民仅进行过粗养。20 世纪 80 年代，山东、辽宁等地进行了人工育苗试验，成功育出了放流规格的苗种。山东沿海还进行了土池育肥和蓄养生产的试验，并获得成功。目前，由于三疣梭子蟹具有优良的生长性能、极高的食品价值和经济价值，沿海各地正在掀起一股养殖热潮。

第一节　梭子蟹分类地位及地理分布

梭子蟹属节肢动物门（Arthropoda），甲壳纲（Crustacea），软甲亚纲（Malacostraca），十足目（Decapoda），梭子蟹属（Portunus）。

我国梭子蟹的种类很多，已经发现的有 17 种。其中体形大、食用价值、经济价值高的有三疣梭子蟹（*Portunus trituberculatus* Miers）、远海梭子蟹（*P. Pelagicus* Linne）和红星梭子蟹（*P. Sanguinolentus* Herbst）三种，尤以三疣梭子蟹产量最高，个体最大，分布最广。

一、三疣梭子蟹

三疣梭子蟹见图 1-1。个体硕大，最大个体体重可达 1 000 g，一般体重 400 g，体宽 200 mm。广泛分布在太平洋西海岸，北起日本的北海道，南至东南亚的越南、泰国等地。1987 年韩国年产量为 3 万余吨，泰国为 24 万吨，

我国约12万吨。主要产于潮间带海滩广阔的内湾水域，如我国的莱州湾、渤海湾、吕泗、长江口和浙闽沿海。

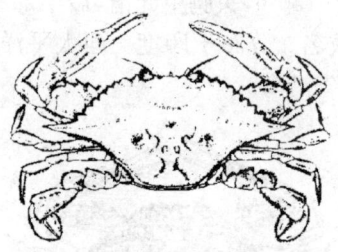

图1-1　三疣梭子蟹

二、远海梭子蟹

远海梭子蟹（图1-2），俗称花蟹，一般体宽135～160 mm，体重200～250 g，大型雌蟹体宽175 mm，体重450 g，雌性头胸甲和螯足呈茶绿色，雄性呈紫色，均带有不规则的浅蓝色及白色斑纹。分布于印度—西太平洋海区，我国产于南部沿海。

图1-2　远海梭子蟹

三、红星梭子蟹

红星梭子蟹(图 1-3),俗称三点蟹,体宽 110~130 mm,体重 100~130 g,头胸甲光滑,后半部有三枚并列的紫红色圆斑,故名。分布于印度—西太平洋海区,我国产于福建以南各省沿海。

图 1-3 红星梭子蟹

第二节 三疣梭子蟹的生物学特性

一、外部形态特征

三疣梭子蟹(图 1-1),俗称枪蟹、白蟹、膏蟹。全身分为头胸部、腹部和附肢。

头胸部包括头部、胸部,其背面覆盖头胸甲,头胸甲呈梭形,具 3 个疣状突起(胃区 1 个,心区 2 个),故称为三疣梭子蟹。前侧缘左右各有 9 枚锯齿,最外侧的一对锯齿向两侧突出,使蟹体形成梭子型。头胸甲额缘锯齿略小,眼窝背缘的外齿相当大,眼窝腹缘的内齿长而尖锐,向前突出。

腹部位于头胸甲腹面后方,覆盖在头胸甲的腹甲中央沟表面,俗称蟹脐,雄性为尖脐,雌性为团脐。雄性腹部呈窄三角形,第一节很短,第三、四节愈合,腹部的附肢退化,一对附肢特化成雄性交接器(图1-4A,B)。雌性腹部在性未成熟时呈钝三角形,性成熟后呈椭圆形,共分七节,腹部的附肢多呈羽状突起,卵子产出后即附于附肢上(图1-4C,D)。

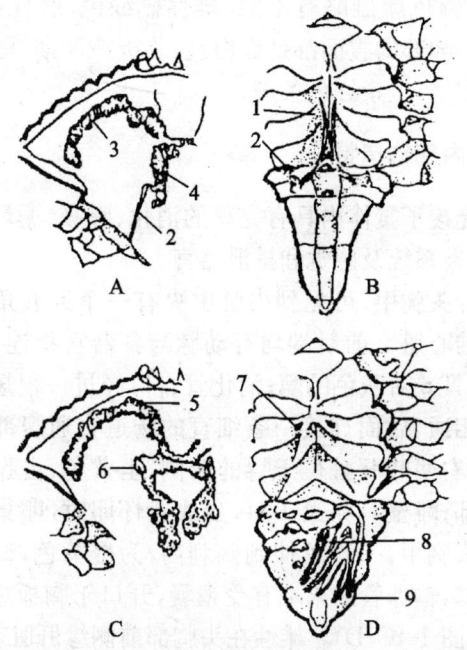

A,B. 雄性　C,D. 雌性
1. 交接器(阴茎);2. 射精管;3. 精巢;
4. 输精管;5. 卵巢;6. 受精囊;7. 生殖孔;
8. 腹肢内肢(卵附着);9. 腹肢外肢
图1-4　三疣梭子蟹的生殖器官

附肢有头部附肢、胸部附肢及腹部附肢。头部附肢包括3对触角、1对大颚、2对小颚;胸部附肢包括3对颚足、1对螯足、4对步足;腹部附肢,雌性为4对,雄性腹部附肢均已退化,第一、二腹节的附肢变为生殖器。

三疣梭子蟹的背甲呈茶绿色,它的颜色随栖息地而异,沙底的环境,蟹背甲呈浅灰绿色,在海藻环境里捕到的蟹,颜色就深一些,螯足呈紫色。游泳足各节边缘多短毛,各节颜色雌雄略有不同,雄性蓝绿色,雌性深紫色。腹部和头胸部的腹面都是瓷白色,临近产卵期,雌蟹腹部内充满卵子,呈紫红色条斑。

二、内部构造特征

三疣梭子蟹体内具有完整的消化、呼吸、循环、神经、生殖、肌肉系统及感觉和排泄器官。

打开头胸甲,可见到内脏中央有一个近五角形的透明微黄的心脏。前后端均有动脉与各器官相连;左右侧为鳃腔,具6对灰色的鳃;消化管自口经过一很短的食道与胃囊相通,后面连接一条细直的肠道直通腹部末端的肛门,左右两叶肝脏位于胃的两侧,土黄色,占据了头胸甲的大部;雌蟹具卵巢1对,当成熟怀卵时,卵巢几乎充满整个头胸甲,一直延伸到侧刺内,为橙黄色,遮盖消化腺的大部,输卵管的末端有受精囊,开口于胸板愈合后的第三节(图1-4C,D)。雄性在头胸部前侧缘肝脏表面有1对乳白色回转弯曲的长带状睾丸,与螺旋形输精管相连,末端即为射精管,开口于游泳足基部的雄性生殖孔(图1-4A,B)。

第三节 三疣梭子蟹的生态习性

一、生活习性

三疣梭子蟹活动有规律性,常昼伏夜出,多在夜间觅食,有明显的趋光性。它的活动随着季节、年龄和性别不同而有所不同。在春夏繁殖季节,常到近岸 3~5 m 的浅海产卵,尤其在港湾或河口附近为多,叫生殖洄游;春季到浅海的,以大型雌蟹为多。大型雄蟹常停留在较深的海区,即使到浅海也较晚。夏季,以中小型蟹较多。秋末冬初则逐渐移居水深 10~30 m 的泥沙海底越冬,称越冬洄游。在生殖洄游或越冬洄游季节,常集群活动。因此,可以根据它的习性,采用不同网具,放置在不同深度进行捕捞。

三疣梭子蟹在海中非常活泼,它依靠末对步足的划动,向左、右或前方游动,但大都是顺着海流游动,遇到障碍物或受惊时,即向后倒或迅速潜入下层水中。

三疣梭子蟹喜欢生活于沙质或泥沙质的海底。在海底它用前 3 对步足之爪,左右爬行,缓慢行动。休息时,用末对步足掘沙,将自己埋伏起来,眼和触角露于沙外,或者隐藏在岩礁石中躲避敌害。幼蟹多栖息在潮间带的沙滩中,以退潮时能露出的沙滩为主。

在蜕壳时,常躲藏在岩石之下或海草之间,直到蜕壳完成、新壳变硬之后,才出来活动。它的色泽,与栖息环境相适应。凡是从沙底捕到的,颜色就深些。

梭子蟹性格凶猛,十分好斗,幼蟹已有明显的残食现象,因而人工养殖,投饵时要注意均匀分散,以免争饵造成损伤。

它要求水质清洁,对温度、盐度的适应范围较广。在水温8℃～31℃,盐度16～35的水域内均能生存,而其生长适温为17℃～26℃。人工育苗的最适温度为22℃～27℃。幼蟹以后对海水的盐度适应性增强。在水温降到10℃时就移往深水处,潜入泥沙中越冬(表1-1),大型的梭子蟹可潜沙10 cm。其他的水质指标,如溶解氧要大于4.8 mL/L,pH值7.8～8.6,透明度30～40 cm。

表1-1 低温下梭子蟹的活动情况

(莱州养蟹池内观察)

水温(℃)	14	10	8	6	0	−1.5
摄食情况	摄食量开始下降	少数个体停止摄食	大部个体停止摄食	不摄食	不摄食	不摄食
活动状况	活动正常	活动减弱	入深水处很少活动	大部个体潜沙休眠	潜沙休眠	部分个体开始冻死

梭子蟹具有一定的耐干能力,且在一定范围内,随温度的升高而下降。体重100 g左右的个体,在气温20℃左右,露空8小时不死,而在2℃～4℃温度下,露空26小时,成活率高达87.8%,这给苗种干运和活蟹低温运输创造了条件。

二、食性

三疣梭子蟹属于底栖动物食性,主要摄食双壳类即贝类,其次有甲壳类、头足类、鱼类和腹足类,兼食多毛类、真蛇尾类和海葵(表1-2)。

表1-2 渤海三疣梭子蟹的食物组成

食物种类	尾数百分比(%)	胃含物出现百分比(%)
海葵	1.11	0.94
多毛类	0.74	2.83
腹足类幼体	17.04	10.38
双壳类幼体	21.48	30.19
贻贝幼体	1.85	0.94
竹蛏	0.74	0.94
其他双壳类	27.04	27.36
腹足类	2.59	0.94
壳蛞蝓	1.11	2.83
无壳侧鳃海牛	0.37	0.94
日本枪乌贼	4.81	11.32
双喙耳乌贼	1.48	2.83
绒螯细足蟹	0.74	0.94
其他短尾类	1.11	2.83
日本鼓虾	1.11	0.94
其他长尾类	0.37	0.94
其他甲壳类	8.52	18.87
真蛇尾类	0.74	0.94
鱼类	7.04	14.15

三疣梭子蟹的食物组成随时间也有变化,最显著的差异在于双壳类,它的出现频率由8月份的近80%降低为10月份的40%,摄食率由8月份的92.45%降低为10

月份的10%(表1-3)。

表1-3 渤海三疣梭子蟹食物组成的季节变化

食物种类	8月		10月	
	尾数百分比(%)	胃含物出现百分比(%)	尾数百分比(%)	胃含物出现百分比(%)
海葵			2.63	1.89
多毛类	1.28	5.66		
腹足类幼体	29.49	20.75	6.41	1.89
双壳类幼体	37.18	61.38		
贻贝幼体	3.21	1.89		
竹蛏			1.75	1.89
其他双壳类	7.69	15.09	53.51	39.62
壳蛞蝓			2.63	5.66
鳃海牛			0.88	1.89
日本枪乌贼			11.4	22.64
双喙耳乌贼			3.51	5.66
绒螯细足蟹	1.28	1.89		
其他短尾类	1.28	3.77	0.88	1.89
日本鼓虾			2.63	1.89
其他长尾类			0.88	1.89
其他甲壳类	12.81	32.08	3.51	5.66
真蛇尾类			1.75	1.89
鱼类	6.41	13.21	7.89	15.09

* 注:表内是平均值,包括雌、雄蟹在内。

三疣梭子蟹有昼伏夜出的习性,因此夜间比清晨摄食量要高些。再就是,其摄食与水温有密切关系。当水

温为15.5℃~20.6℃时,摄食强度大,水温低于14℃,摄食量开始减少,水温低于8℃不摄食(表1-1)。

三、蜕壳与生长

三疣梭子蟹和所有甲壳动物一样,都要进行蜕壳(蜕皮)。其从溞状幼体、大眼幼体、幼蟹至成蟹要经过许多次蜕壳(蜕皮),蜕壳不仅是发育变态的标志,也是个体生长的重要阶段。由于三疣梭子蟹的甲壳伸展性差,不能随身体的长大而增大,因此生长必须蜕壳。通常年幼的三疣梭子蟹蜕壳间隔较短。随着个体增长,间隔变长。此外,蜕壳还与形态的改变、断肢的再生以及交配等活动有关。

(一)蜕壳的分类

三疣梭子蟹一生需经过23次或24次蜕壳。大致可分变态蜕壳、生长蜕壳和交尾蜕壳。

1. 变态蜕壳

幼体从卵子孵出后,要经过6~7次蜕壳,才能完成各个发育阶段,每蜕一次壳,形态都有不同的变化,直至变成仔蟹,称变态蜕壳。

2. 生长蜕壳

仔蟹经过17次蜕壳,身体不断增长,称生长蜕壳。但形态没有明显的变化。

3. 交尾蜕壳

雌蟹性成熟时,进行蜕壳,此时雄蟹与其交尾,交尾后雌蟹一般不再蜕壳,称交尾蜕壳。

(二)蜕壳前的征兆

三疣梭子蟹在蜕壳前,游泳足最末两节之间出现一条白色线纹,3~4天内还会出现一条红色线纹。出现以上征兆后几小时即开始蜕壳。头胸甲后缘与躯体之间出现裂缝,头胸甲向上抬起,裂缝越来越大,新的柔软躯体逐渐蜕出(图1-5)。额部和螯足各节大小差异较大,关节宽窄也不同,所以蜕出较困难。

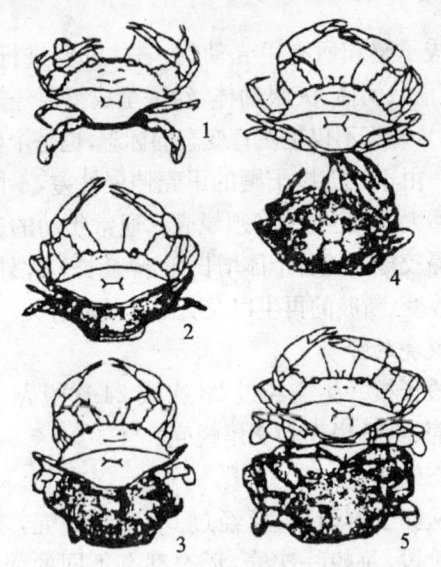

1. 在蜕壳初期,最后两对步足已露出在旧壳之外
2. 头胸部的后半部已露在了旧壳之外,这时,侧刺向前弯
3. 身体大部分已退出旧壳,只剩额部及螯足尚未退出
4. 只有螯足尚未完全退出,侧刺已向左右伸直
5. 蜕壳已完成,身体比旧壳大了一些

图 1-5 梭子蟹蜕壳的程序(引自沈嘉瑞等,1976)

在正常情况下,三疣梭子蟹的整个蜕壳过程仅需15分钟,若在蜕壳过程中受到惊扰,或在蜕壳前受过伤,则蜕壳时间可延长到45分钟至1小时,甚至发生障碍引起死亡。

刚蜕出的蟹体甲壳很软,很快吸水膨胀,把原先有皱纹的头胸甲涨开,两侧刺也由弯曲变得向两侧伸直,几分钟后,身体渐渐坚硬,色彩也鲜明起来,12小时内新壳还呈柔软状态,2~3天后才完全硬化。

(三)生长

三疣梭子蟹的生长是伴随蜕壳而进行的。每蜕一次壳,体宽可增加30%,体重增加50%~100%(表1-4,1-5)。

表1-4 三疣梭子蟹蜕壳与增长、增重(八㹥刚,1968~1969)

蜕壳龄期	全甲宽		湿重	
	mm	增加(%)	g	增加(%)
C_1	4.00			
C_2	6.30	58		
C_3	7.30	16		
C_4	12.00	64		
C_5	16.50	38		
C_6	21.50	30		
C_7	30.00	40	1.5	
C_8	40.50	35	3.7	147
C_9	53.50	32	8.5	129
C_{10}	68.50	28	18.5	118
C_{11}	90.00	32	45.0	143
C_{12}	110.00	22	90.0	100
C_{13}	133.00	21	155.0	72
C_{14}	155.00	17	235.0	52
C_{15}	180.00	16	355.0	51
C_{16}	203.00	13	500.0	41
C_{17}	≥210.00		≥550.0	

三疣梭子蟹的生长测量:

全甲宽:成体型三疣梭子蟹头胸甲两侧棘尖端间的直线距离。

甲宽:成体型三疣梭子蟹头胸甲两侧棘基部前缘间的直线距离。

雄:甲宽(mm)=0.801×全甲宽(mm)-0.120;

雌:甲宽(mm)=0.793×全甲宽(mm)-0.029。

全甲长:从大眼幼体的额角尖端至头胸甲后缘中央的直线距离。

甲长:从两眼窝后缘连接的直线中央(大眼幼体)或自头胸甲额域前缘中央(成体型)至头胸甲后缘中央的直线距离。

我国渤海三疣梭子蟹在室内培育条件下,自5月底前后第一批幼体孵出,在20℃～30℃的水温条件下,经幼体、幼蟹阶段,到8月底前后即陆续成熟。在此时期内,雄蟹蜕壳8～10次,成熟个体体重达55.5～170.4 g;雌蟹蜕壳9～10次,成熟个体体重达83.0～176.9 g。从池内各期幼蟹群体抽样测定的结果分析,梭子蟹的甲长与甲宽、甲长与体重和甲宽与体重之间存在幂函数关系。

甲长 L、甲宽 B 与体重 W 之间函数关系的回归方程为:

$B = 1.755\,6 L^{1.052\,9}$

$W = 3.256\,4 \times 10^{-4} L^{3.134\,7}$

$W = 6.150\,7 \times 10^{-5} B^{2.974\,8}$

(式中甲长 L 与甲宽 B 以 mm 为单位,体重 W 以 g 为单位)

交尾后的雌蟹当年不再蜕壳,翌年产卵繁殖后,继续蜕壳生长,秋末全甲宽可达18 cm以上,体重300 g以上,最大的可达500 g。雌蟹有越过第三个年头,再进行产卵者。雄蟹在第二年交尾后,大部分死亡。

应当指出,并非所有的蜕壳都能增长和增重,尤其在人

工养殖条件下,人为的刺激或饲喂蜕壳激素,可以刺激蜕壳,但因体内营养物质积累不足,蜕壳后体重反而下降。

三疣梭子蟹的生长因水温和饵料条件而有较大差别。其生长情况见表1-5。

表1-5 三疣梭子蟹的生长

蜕皮期	甲壳宽(mm)			湿重($Z\sim M/mg$;C/g)		
	岳库水产试验场	山口内海水产试验场	八冢刚	岳库水产试验场	山口内海水产试验场	八冢刚
Z_1	0.61			0.097		
Z_2	0.71			0.134		
Z_3	0.91			0.50		
Z_4	1.25			1.06		
Z_5						
M	1.38			3.43		
C_1	4.20	5.00	4.00	0.009	0.007	
C_2	6.90	7.70	6.30	0.021	0.028	
C_3	11.40	12.50	7.30	0.069	0.095	
C_4	15.30	17.30	12.00	0.198	0.290	
C_5		23.50	16.50		0.83	
C_6		32.80	21.50		2.22	
C_7		44.50	30.00		5.40	1.50
C_8		59.00	40.00		12.00	3.7
C_9		76.70	53.50		26.00	8.50
C_{10}		97.70	68.50		53.00	18.50
C_{11}		122.00	90.00		103.00	45.00
C_{12}		150.00	110.00		190.00	90.00
C_{13}		182.00	133.00		330.00	155.00
C_{14}		218.00	155.00		550.00	235.00
C_{15}		257.00	180.00		900.00	355.00
C_{16}			203.00			500.00
C_{17}			>210.00			>500.00

*注:表内是平均值,包括雌、雄蟹在内。

三疣梭子蟹的螯足、步足,在受到强烈刺激、机械损伤或蜕壳受阻时,常会发生丢弃其足的自切现象。但足切后还可以再生,在足切后一周内,其基节的自切面上长出肢芽,二三周后肢芽发生分节。当蟹蜕壳后,肢芽蜕去几丁质囊,形成新足。

四、繁殖习性

（一）三疣梭子蟹的性腺发育与成熟

三疣梭子蟹卵巢左右各一对,自体中央部分别向后延伸,覆盖其他脏器,并深埋于头胸甲前部的腔部。其发育可分为以下六期。

Ⅰ期：幼蟹交尾之前,腹部呈三角形,卵巢未发育。
Ⅱ期：交尾后卵巢开始发育,呈乳白色细带状。
Ⅲ期：卵巢呈淡黄或橘黄色,带状。
Ⅳ期：卵巢发达,橘红色,扩展到头胸甲的两侧。
Ⅴ期：卵巢发达,橘红色,卵产出后于腹部抱卵。
Ⅵ期：卵巢退化,腹部抱卵。

据仓田博等人研究,根据卵巢重与体重的重量比的季节变化来推测,在濑户内海的三疣梭子蟹,其卵巢大约在10月份开始发育。此时期的性腺指数3%多一些,到11月中旬则达到5%,冬季将继续发育,翌年3月中旬为11%,至5月上旬进入产卵期时达14%,临产前超过15%（性腺指数为卵巢重/体重）。产2～3次卵的雌蟹,在每次产卵之后,可以看到卵巢迅速发育的现象。

（二）交尾

三疣梭子蟹,经第12或13次蜕壳便可达性成熟,这时的蜕壳称为"成熟蜕壳"。经成熟蜕壳后,可进行交尾。天然海区最小型雌蟹甲壳宽13 cm,体重约230 g,人工养殖个体至12 cm可进行交尾。

交尾季节随地区以及个体的年龄而有不同。在黄海、渤海,4~5月到初冬,凡是成熟的两性均可交尾。当年5~6月份生的仔蟹在9月中旬至10月下旬为交尾盛期,7月份生的仔蟹到翌年春季为交尾盛期。浙江北部沿海,交配期在7~11月,盛期在9~10月。

在进行交尾活动时,雄蟹在雌蟹未蜕壳前,有时追逐长达10天,一般持续2~5天,一旦雌蟹蜕壳即进行交尾。待雌蟹刚蜕完壳,身体处于柔软状态,雄蟹就附于其上,用第三、四对步足将雌蟹抱住,此时雌蟹背部向下,步足收拢,腹部张开,雄蟹用交接器将精荚纳入雌蟹贮精囊内,整个交尾过程需2小时到半天。交尾活动一般只一次,但也有经过两次才告终的。贮精囊内的精荚刚开始呈桃红色,随着雌蟹甲壳硬化,精荚逐渐硬化、缩小、退色,最后在雌蟹贮精囊内部分只能看到白色隆起。精子在贮精囊内一直贮存到翌年春季才行授精作用(精子在贮精囊内保存6~10个月仍有授精作用)。

(三)产卵与抱卵

产卵时间因各地水温高低不一而有差异。南方多在4月产卵。黄、渤海的三疣梭子蟹在5月上、中旬开始产卵,5月底6月初比较集中。越冬亲蟹因水温较高,比自然海区还提早一个月,约在3月底4月初产卵。提早产卵时间跟越冬水温有关,据有关资料介绍,从交尾到产卵的积温为2 458℃(以0℃为基准)。温度越高,产卵时间越早。

从个体大小来看,一般早期产卵多为甲壳宽18 cm以上的大型个体。进入产卵盛期以后则为中、小型个体。产卵期可延至9月。

当卵子通过输卵管排出时,与纳精囊内的精子相遇而授精,而后排出体外,粘附于腹肢内肢的刚毛上,雌蟹通过不断扇动腹部,并用螯足梳理卵块,使其不断接触新鲜海水直至孵化,此过程就叫抱卵。刚抱卵的雌蟹白天仍将身体埋在沙中,随着胚胎的发育,潜沙次数越来越少,快到孵化时,几乎不再潜沙。

三疣梭子蟹抱卵的数量依雌蟹个体大小而异,个体越大抱卵数越多,见图1-6、图1-7。一般为80万~450万粒,甲壳宽17.3 cm的雌蟹抱卵数约为110万粒,甲壳宽27.8 cm的约为500万粒。

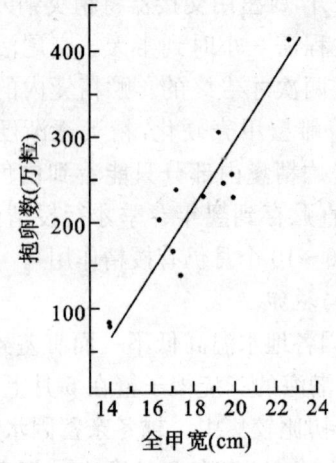

图1-6 三疣梭子蟹抱卵数与全甲宽的关系

第一次产卵孵化后,经12~20天暂养可第二次产卵。小型雌蟹一般产卵两次,大型雌蟹可连续产卵3~4次,个别产卵5次。其间雌蟹不蜕壳也不重新交配。每次产卵的数量有逐渐减少的趋势。

三疣梭子蟹产卵场盐度为28.9~30.7,底质为沙质。产卵活动多在半夜进行。

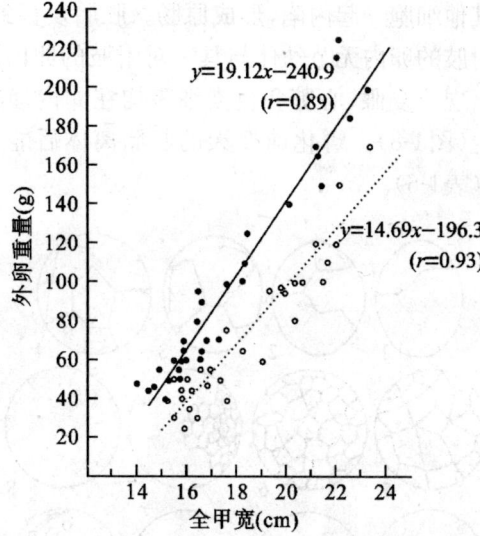

黑点与实线为第一批次卵、圆圈与点线为第二批次卵

图 1-7 三疣梭子蟹全甲宽(x)与外卵重量(y)的关系

(四)卵子的发育

刚产出的受精卵略呈椭球形,长轴为 0.3 mm 左右,卵块颜色浅黄,以后逐渐变为橘黄、橙黄、茶褐、褐色和紫黑色(表 1-6)。颜色由浅变深是由于胚胎出现色素和眼点。通过观察颜色的变化可推断孵化时间,更可靠的是通过镜检,计算心跳次数确定胚胎发育时间。应注意,已充分发育的胚胎,易随着环境的影响而发生卵块放散或脱落,即"流产"现象。

据有关材料介绍,三疣梭子蟹的整个胚胎发育过程在水温 12℃~19.8℃,盐度 20~25 的条件下约需 680 小时。卵排出约 52 小时后开始表面卵裂,至 256 小时,细胞进入囊胚期。囊胚后期内胚层细胞出现并与集中在其周围的其他细胞一起内陷,形成原肠。胚胎发育到后期,具3对附肢的卵内无节幼体与具7对附肢的卵内溞状幼体依次出现。复眼、心脏和色素细胞均在卵内溞状幼体阶段产生(图1-8)。孵化前2天的胚胎离体后能正常发育、孵化(表1-6)。

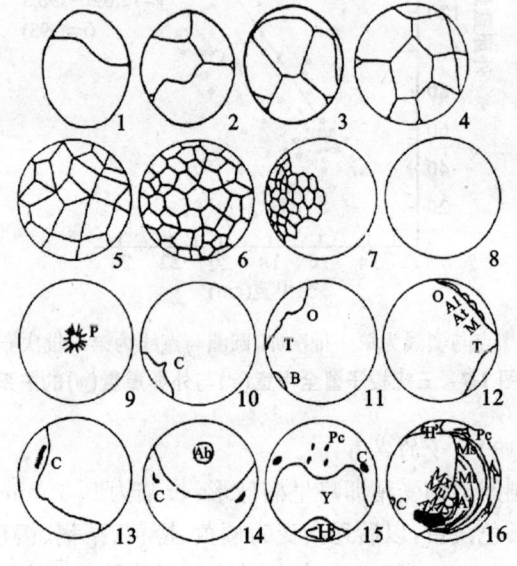

1~7.2~128细胞期 8.囊胚期 9.预定内胚层细胞
10.原肠形成期 11.视叶和胸腹突 12.卵内无节幼体
13~16.卵内溞状幼体

Ab.腹部;Al.小触角;At.大触角;B.胚孔;C.复眼;
G.原肠;H.心脏;M.大颚;Mf.第一颚足;Ms.第二颚足;
Mu.第一小颚;Mx.第二小颚;O.视叶;P.预定内胚层细胞;
Pc.色素细胞;T.胸腹突;Y.卵黄囊

图1-8 三疣梭子蟹活体胚胎发育过程

表1-6 梭子蟹胚胎发育

期别	镜检胚胎发育特征	孵化时间（小时）
受精卵卵裂前期	卵出后并不立即进行卵裂,而是存在一段长约52小时的卵裂前时期	
卵裂	多黄卵,卵裂方式为表面卵裂。卵排出后约52小时开始第1次卵裂,卵裂沟呈S形,并排于卵的一端而将卵区分为不等的两部分。卵裂继续进行,经16、32、64、128、256细胞期进入囊胚期	52
囊胚期	囊胚期卵表面呈均匀、致密状态,卵裂沟及卵裂块消失,看不出任何块状结构。囊胚后期,首次出现完整、独立的细胞。原肠作用部位呈透明状,周围具数个锥状突起,即预定内胚层细胞。预定内胚层细胞共16个,排成一圈,呈倒喇叭状。其他部位的细胞逐渐向此处集中。整个囊胚期约持续56小时	192
原肠期	预定内胚层细胞与部分集中过来的细胞一起逐渐内陷,形成原肠和原口。随胚胎发育,胚区细胞不断地分裂,产生4个相距较近的细胞团突起,即上部的2个视叶原基和近原口处的2个胸腹原基;在头部附肢原基发生前,1对胸腹原基逐渐愈合,形成胸腹突。胚胎进一步发育,原肠及原口被胸腹突细胞覆盖。在视叶与胸腹突之间,大颚基首先发生,大触角原基在大颚基与视叶原基之间随后出现,靠近大颚基而远离视叶原基,胚胎外观突起共有1对视叶原基、1对大触角原基、1对大颚原基和愈合的胸腹突	248

(续表)

期别	镜检胚胎发育特征	孵化时间（小时）
膜内无节幼体	视叶原基、小触角原基、大触角原基及大颚原基随细胞分裂不断增大,形成视叶、小触角、大触角及大颚,但尚未出现分节现象	296
膜内溞状幼体	复眼发生,刚出现时为排列成弧行的数列短棒状结构组成,随后发育成月牙形,最后发育成椭圆形,颜色由黄褐色逐渐变为黑色。附肢7对,分别为小触角、大触角、大颚、第1小颚、第2小颚、第1颚足、第2颚足。卵黄囊蝶状。色素细胞处呈短棒状,后发育为星芒状;心脏囊状,心跳逐渐加快。孵化前膜内溞状幼体附肢先收缩性颤动,后整个胚胎都能收缩性颤动。最后破膜而出成溞状幼体1期	488

为防止亲蟹"流产",在采捕或运输中不能干露时间过长,并避免盐度及水温的急剧变化,保持培育环境稳定与良好。

（五）孵化

三疣梭子蟹从抱卵到孵化,孵化的速度与水温密切相关（图1-9）。水温19℃～24℃、盐度28.5～31时,三疣梭子蟹自受精卵开始,经过15～20天的胚胎发育,卵团变成灰黑色,卵膜内的溞状幼体在镜检时会看到其蠕动,心脏搏动每分钟达130次以上,当每分钟近200次时,一般当晚或第2天晚上即孵化。

三疣梭子蟹的孵化几乎都在夜间（20时～04时）,特别是后半夜进行,孵化所需时间为1.5～2小时。在水温

低于10℃时孵化时间延长,孵出的幼体多畸形,数日内几乎全部死亡。三疣梭子蟹抱卵8天左右胚胎发眼。发眼后至孵化的大致过程见表1-7。

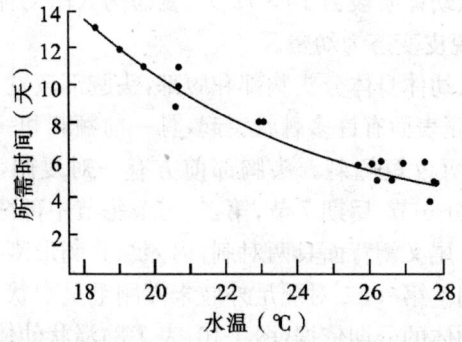

图1-9 三疣梭子蟹胚胎在不同饲育水温时从发眼至孵化所需时间

表1-7 三疣梭子蟹卵发眼后至孵化发育情况

日期	发育特点
第1天	出现褐色丝状眼点
第2天	眼点明显
第3天	腹部及其他部位出现色素
第4天	色素明显,卵黄开始被吸收,出现缓慢心跳
第5天	心跳规则,每分钟60～70次
第6天	卵黄明显被吸收,心跳每分钟100次左右
第7天	卵黄几乎全部被吸收,心跳每分钟130次以上,前头棘呈现淡紫色
第8天	幼体孵出

(六)幼体发育

三疣梭子蟹的卵孵化后即进入溞状幼体期(用Z表

示),溞状幼体一般分为4期。但在低温或饵料不适等环境条件影响下也可能变为5期、6期,这是发育期延长的表现。发育正常,水温22℃~25℃时每3天蜕皮一次。其中溞状幼体阶段为10~12天,变态为大眼幼体后再经5~6天蜕皮变态为幼蟹。

溞状幼体身体分头胸部和腹部,头胸部较宽,被以头胸甲,甲壳表面有许多棘状突起,具一前额刺和一枚较长的背刺,两枚短侧刺。头胸部前方有一对复眼,腹部细长,早期分6节,后期7节,第二、三节每节中部两侧各具一侧刺。尾叉侧背面具两对刺,内侧缘具刺形刚毛,各期数目不同。第一、二对颚足外肢末端刚毛呈羽状,刚毛数为各期幼体的分期依据(图1-10、表1-8)溞状幼体以发达的第一、二颚足为主要运动器官,营浮游生活。

表1-8 三疣梭子蟹溞状幼体各期的特征

溞状幼体(Z)		Z_1	Z_2	Z_3	Z_4	Z_5
体长(mm)		1.13~1.30	1.83~1.94	2.33~2.43	2.58~2.69	2.80~3.26
颚足外肢刚毛数	第一颚足	4	6	8	10	12
	第二颚足	4	6	8	10 (9~11)	12 (12~14)
第二腹肢原基	第四期发育个体	无	无	短于腹节的1/2	长于腹节的1/2	
	第五期发育个体	无	无	小瘤状	短于腹节的1/2	长于腹节的1/2
第六腹节		愈合	愈合	分节	分节	分节
眼柄		愈合	分离	分离	分离	分离

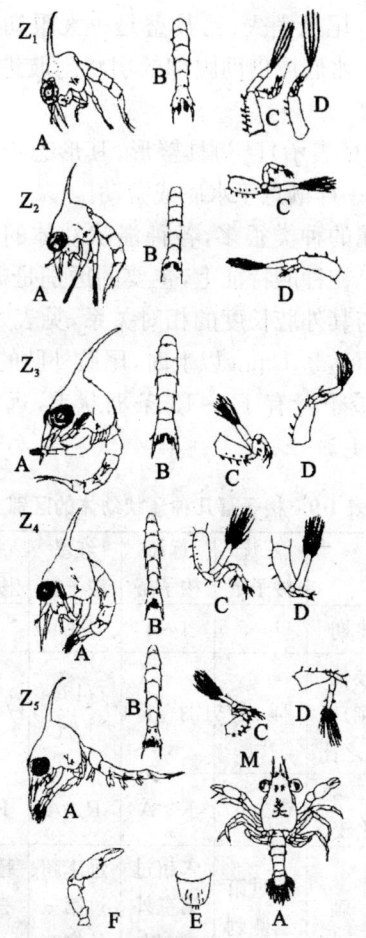

A. 各期幼体　B. 尾肢　C. 第一颚足
D. 第二颚足　E, F. 蟹足

图 1-10　三疣梭子蟹各期幼体的外形

　　大眼幼体(用 M 表示)体长约 3.72～4.05 mm,体扁平,头胸甲前具一额刺,后缘两侧各具一后下刺,眼柄伸长,腹部7节,尾叉消失,已具螯足。大眼幼体可用发达的步足匍匐于水底或借助腹部的羽状附肢进行活泼的游泳。

仔蟹(用C表示)已初具蟹形,其形态与成蟹基本相似,也与成蟹一样栖息于水底或游动。

梭子蟹属的种类很多,各种溞状幼体的鉴别对增养殖非常重要。在种的特征上,主要的区别是额刺,第二触角基节突起与其外肢长度的相对关系,见表1-9。在大眼幼体期头胸甲达2.1 mm以上时,尾肢外肢的羽状毛数目不同。三疣梭子蟹有11~13条羽状毛,远海梭子蟹有9~10条羽状毛。

表1-9 梭子蟹几种溞状幼体的区别

	三疣梭子蟹	远海梭子蟹	红星梭子蟹	拥剑梭子蟹	矛形梭子蟹
有记载的蜕皮期	1~5	1~4	1~4	1	1
第二触角外肢长(不超过端刺)对基节突起长之比	1/4~1/5	1/3~1/4	1/15~1/20	1/4~1/5	1/5
额刺(R)同第二触角(A)长度比较	R>A	R>A	R>A	R<A	R≈A
尾节内侧第一刺	超过第三侧刺	未超过第三外侧刺	远未超过第三外侧刺	超过第三外侧刺	超过第三外侧刺
尾节第一侧刺的生长部位	同第一内侧刺同位或前位	比第一内侧刺后位(第二至第四龄期)	大致与第一内侧刺同位	大致与第一内侧刺同位	大致与第一内侧刺同位

第四节　三疣梭子蟹的苗种生产

一、育苗设施

(一)育苗室

育苗池、饵料培养室、供水、充气、增温、水质分析及生物监测室等设施。培育池以 20～30 m³ 水体为佳。

(二)亲蟹培养池

以长方形为宜,内设双重底沙床,沙厚 10 cm 以上,池水连续充气,日换水量为培育水体的一半至两倍,每周冲洗沙一次。饵料台设置在近排水管 1/4 处(此处不设沙床)。池上设有遮光罩,透光率 5%(即光照度 500 lx 以下)。

(三)附着器

可以使用扇贝养殖笼,用棕绳等编制的贝类附着器,也可以用绿色塑料线为材料编制成的羽毛状人工海草,长 1.8 m 左右。幼体培育中还可用网片做防残网,网片一般为 20 目的纱窗网或筛绢网等,幅宽一般 1 m,长度可与育苗池的大小相适应,一般 1 m～4 m,投放数量可根据育苗池内幼体密度大小而增减,一般每立方水体中投放 0.5 m²～1 m² 的防残网片,投放时间最好为大眼幼体即将变态之前。

二、亲蟹

(一)亲蟹的来源

亲蟹的来源大致有以下几种:①春季产卵季节采捕

未产卵雌蟹,也可采捕已产卵的抱卵雌蟹;②秋末冬初收购已交尾的雌蟹,经越冬培育后用;③春季产卵期前1~2个月收购雌蟹,在室内强化培育,促使提早产卵;④选用人工育成的大规格雌蟹进行越冬再用。

(二)亲蟹的选择

亲蟹选择的标准有四条:①亲蟹无外伤,活力良好,附肢完整无伤,体表光滑,无沾污物。②卵块的轮廓、形状完整无缺损。③胚体尚未十分发育。卵色为淡黄或橘黄,色调鲜明。④卵块大,抱卵亲蟹重量最好在300 g以上,不要用小于200 g的抱卵个体。

(三)亲蟹的运输

亲蟹的运输应避日光直射,抱卵亲蟹不能离水太久,运输前先用橡皮筋将螯足绑住,以防运输途中互相角逐致伤,运输方法有两种。

1. 干运法

(1)在干法运输中,适应短途少量运输的方法是用海水将纱布或纸浸湿,把亲蟹包起来,放在厚纸箱中运。

(2)用0.41 m×0.23 m×0.28 m的泡沫塑料箱,每箱放亲蟹10~30只,内装木屑填衬,并适当放入冰块,以保持箱内3.8℃~12.8℃的低温,运输3小时,成活率70%以上。

2. 湿运法

(1)用0.85 m×0.90 m×0.35 m的泡沫塑料箱,内衬塑料薄膜,装水0.25 m,充氧密封,每箱可装亲蟹10 kg~20 kg,运送4~5小时,成活率可达95%~100%。

(2)有条件的地方可放在活水舱中运输。在活水舱中运输,由于海水交换好,可以保持合适的水质,故亲蟹死亡率低,但运输时间拖长且成本高是其不利之处(表

1-10)。

(3)用帆布桶或篓盛水、充氧运输。

表1-10 亲蟹运输方法与死亡率(仓田博等)

运输方法	所需时间(小时)	次数	一次运输量 只数	一次运输量 重量(kg)	平均死亡率(%)
专用运输箱(250 L)	0.5	2	4	1.5	0
专用运输箱(250 L)	1.5	3	10~14	3~4	0
专用运输箱(250 L)	4.0	7	6~56	3.2~23	5.6
专用运输箱(250 L)	4.5	4	8~24	3.5~10.5	0
波纹板纸箱(填充锯末)	2.0	2	3~9		27.8
波纹板纸箱(填充锯末)	3.0	2	10~16		28.2
波纹板纸箱(填充锯末)	9.0		34		26.5
船的活水舱	7.0	1	10		0

(四)亲蟹培育池的准备

亲蟹培育池可为小型水泥池、土池,也可为玻璃钢水槽。池内应设有进排水或充气装置。水池或水槽底部,除在排水口附近用砖隔出一块20%~30%面积大的投饵台外,其他地方均应铺设10 cm厚的沙床。池内还应设置隐蔽物,以利亲蟹生长发育。为抑制沙床上硅藻的繁殖,还需把水槽遮光,使光适当减弱,光照最好在500 lx以下,即透光率小于5%。

亲蟹入池前应对亲蟹培育池进行严格消毒,消毒的方法可用每立方水体加20 g高锰酸钾消毒30分钟;每立方米水体400 mL的福尔马林药浴消毒5分钟;也可用每立方水体加200~400 g漂白粉液浸泡24小时,之后用硫代硫酸钠($Na_2S_2O_3$)中和余氯。

(五)亲蟹入池

亲蟹运回后,应尽快入池。入池前使用每立方水体400 mL的福尔马林药浴消毒5分钟,以杀灭亲蟹体表及卵群的附着物,然后去掉橡皮筋放入培育池内培养。在亲蟹入池时应注意温差要小于5℃,盐度也不能相差太大,一般为3～5。放养密度为3～5只/平方米。

据试验,亲蟹培育池底有沙比无沙、雄蟹混养比例高比仅养雌蟹,呈雌蟹产卵率高的趋势,如表1-11及表1-12。有沙的池子,蟹可潜伏其中,避免不必要的刺激,以便安全产卵。但是,试验所用的雌蟹全是交尾过的个体,培育过程中是不需重新交尾的,因此,混养雄蟹对于雌蟹产卵有什么作用,其机理尚不清楚。从表1-11还可看出,在不铺沙池子中,第一批抱卵孵化后,继续蓄养下去,未见第二批抱卵;在铺沙的池子中,第一批卵孵化后7～10天,就开始产第二批卵。因此,为提高雌蟹的获产率,在池底铺沙的同时,还应放入适当数量的雄蟹。

表1-11 池底对培育亲蟹产卵的影响

底沙	性别	试验只数	死亡		成活		抱卵		流产		不抱卵	
			只数	率(%)	只数	率(%)	只数	率(%)	只数	率(%)	只数	率(%)
有	雌	51	0	0	51	100	32	62.8	4	7.8	15	29.4
	雄	7	7	100	0	0						
无	雌	17	0	0	17	100	1	5.9	4	23.5	12	70.6
	雄	5	3	60	2	40						

表 1-12 雄蟹对培育亲蟹产卵的影响

试验组别	性别	试验只数	死亡		成活		抱卵		流产		不抱卵	
			只数	率(%)	只数	率(%)	只数	率(%)	只数	率(%)	只数	率(%)
1	雌	12	3	25.0	9	75.0	1	11.1	4	44.5	4	44.5
	雄	0										
2	雌	17	0	0	17	100	11	64.7	0	0	6	35.3
	雄	4	0	0	4							
3	雌	14	2	14.3	12	85.7	8	66.7	0	0	4	33.3
	雄	6	0	0	6	100						
4	雌	15	2	13.3	13	86.7	12	92.3	0	0	1	7.7
	雄	10	0	0	10	100						

(六)亲蟹培育管理

1. 水质管理

(1)温度调控:亲蟹入池后在自然水温下稳定 1～2 天,然后缓慢升温,根据生产需要把水温升至 18℃～22℃ 恒温培育。在升温过程中日升温应控制在 0.5℃～1℃。岩本哲二(1983)认为:从产卵到孵化需要 16～22 天,以 0℃为基准的累积温度为 340℃～390℃,才能正常孵化。若抱卵期持续低温,累积温度增至 420℃以上时,容易出现亲蟹死亡、卵子脱落、孵化出的幼体虚弱等现象。若水温环境变化过急,易出现较高的流产率,一般从发眼至孵化,水温在 20.0℃～23.8℃时需 7 天,水温 23.2℃～25.7℃时需 6 天,水温控制在 22℃～25℃为宜。当胚胎发育到后期膜内原溞状幼体,额角基部出现紫色斑点,水温为 21.4℃～22.8℃时,第二日晚便可孵化。

(2)每日换水量为培育水体的 1/2～2 倍,使溶解氧保持在每升 5 mg 以上。盐度范围为 20～30,pH 值为 7.8～8.6。底部沙层常因残饵及排泄物的堆积、腐败,形成还原层,变黑,引起底层水缺氧,应每 1～2 周洗沙一次,减少污染。池底的沙不要铺平,做成小沙堆状,使表层经常保持氧化状态。

2. 饵料投喂

亲蟹饵料以鲜活的贝类、沙蚕、小型虾蟹类、糠虾类、小杂鱼等为主,以蛤类、沙蚕最好。投饵量为亲蟹体重的 5%～10%,实际投喂时看残饵的多寡调整投饵量。一天分两次投喂,傍晚应多一些。

3. 病害防治

在亲蟹培育期间,为防止重金属离子对胚胎的不良影响,应始终使池水内 EDTA 的浓度为每立方米水体 3～5 g。细菌病的防治可交替使用抗生素,例如每立方水体加 1 g 盐酸土霉素等。每立方米水体 30 mL 福尔马林全池泼洒可以有效地预防寄生性纤毛虫病。

4. 日常观察

亲蟹培育期间应经常检查亲蟹产卵情况和胚胎发育状况(见"三疣梭子蟹繁殖习性"部分)。

三、孵化

目前,生产中孵化池多直接设在幼体培育池,其设施、准备工作见"幼体培育"部分。

其孵化过程是:从抱卵到孵化,在水温 18℃～28℃范围内,水温越高,孵化时间越短,以 0℃ 为基准,积温 340℃～390℃,大致需 15～20 天。卵团色泽变化依次为

淡黄→橘黄→橙黄→茶褐→褐色→灰褐色→紫黑色。当梭子蟹卵块呈紫黑色,心跳每分钟 200 次时,一般当晚或第 2 天即孵化。

孵化时间多发生在清晨或午前,中午也有个别零星孵化的,但多不正常。

水温的高低影响其发育速度和是否正常发育。在水温低于 10℃,孵化时间长,孵出的幼体多为畸形,数日内几乎都死亡。由于各种原因往往刚孵出的幼体发生异常现象,即孵出的幼体几乎不能游泳或虽游泳不久就沉底死亡,也有的幼体刚孵出时是正常的,而 1~2 天后死亡。有人认为,溞状幼体的头胸甲上的背棘为钩状的,大致在 24 小时内死亡。因此,要获得正常孵化的幼体,必须有适宜水温,并要考虑到亲蟹的体质状况及环境的影响。在孵化过程中要充分充气,在孵化后立即镜检,如有畸形或死亡过多应立即舍去。溞状幼体初期趋光性强,亦可从趋光性强弱来区分强壮程度。

四、幼体培育

(一)培育设施

三疣梭子蟹幼体培育多采用水泥池或水槽,室内、室外皆可,但若为室内池,屋顶需用透明材料(如玻璃或玻璃钢瓦等)。水泥池或水槽的容积为 20~60 m³,水深 1.0~1.5 m 为宜。形状以长方形为好。水池应设有进排水、滤水、充气等装置,并视当地水温情况,决定是否附设增温设施。池底要有较大的坡度,一般 1.5%~3.0%,排水底阀应足够大,直径一般为 100~150 mm,以利蟹苗出池。有的地区曾用土池进行幼体培育,有的培养到溞状末期,即以灯光诱捕的方法,移入水泥池,继续完成大眼幼体的培育。目前，国内沿海各地的对虾、河蟹甚至贝类育苗设施，皆可进行三疣梭子蟹的人工育苗生产。

在三疣梭子蟹育苗设施中，除幼体培育池外，还应设有一定比例的单胞藻培养池、轮虫培养池、卤虫孵化池等，4种池子水体的比例大致为 1∶0.2∶0.1∶0.1。最好设有预热池，幼体培育池与预热池水体比为 5∶1，以保证换水所需温度。

(二)消毒与处理

消毒包括育苗池、育苗用水的消毒和清理。凡新建的水泥池，因碱性很强，会影响幼体发育，需用水浸泡一个月左右。若时间紧张，则采取加少量工业盐酸的方法，以缩短浸泡时间。水泥池在育苗前应用每立方米水体加 20 g 的高锰酸钾洗刷池底和池壁。

病害对幼体培育的影响很大。海水中的病菌，寄生虫及幼鱼、虾都对梭子蟹幼体构成危害。因此，育苗用水需进行处理。较为简便的是用滤网过滤，可除去部分敌害生物。在育苗前期过滤时可用 150 目筛绢网。大眼幼体期间可用 80 目筛绢网。采用沙滤过滤海水，可阻止浮游生物、有机碎屑通过，效果较为理想。采用化学方法消毒，最为彻底，一般向育苗用水中加入含有效氯 8%～10%的次氯酸钠溶液 120～150 g/m³ 水体，消毒 12 小时后再加入适量的硫代硫酸钠消除余氯。由于硫代硫酸钠会消耗水中的溶解氧，因此除氯后需向水中充气。

(三)培育用水的调控

幼体收集前后，进行培育用水的生态调控是保持水环境稳定的关键。方法：在幼体收集前 2 日，注入过滤海水为池有效水体的 60%，加入 EDTA 钠盐 3～5 g/m³ 水体。并加入小球藻的密度为 40 万个/毫升，扁藻、小硅藻

的密度各为2万个/毫升及部分角毛藻,轮虫3～5个/毫升。温度控制在22℃～25℃。幼体收集后根据观测,调控在上述范围内,并在特殊发育阶段做必要的调整以满足幼体生长、发育、变态的需要。

(四)幼体质量的鉴别及选育收集

并不是所有抱卵的亲蟹都能顺利孵化,有时环境突变或恶化,会使抱卵的雌蟹突然"流产",即雌蟹将卵块用螯足梳理掉。同样,能孵化的幼体也有质量上的差异,见表1-13。弱的幼体难以培育,因此,在培育幼体之前,必须鉴别孵化幼体的质量,以决定取舍。

表1-13 三疣梭子蟹孵化幼体的等级

等级	活力	集群	下沉个体	镜检形态	水槽中分布	备注
一等	良好	能力强	无	正常	表层	收集
二等	好	能力弱	无	正常	上层	收集
三等	较好	能力很弱	部分	部分个体异常	中层	选育
四等	缓动	不集群	大部分	异常	中下层	不收集
五等	弱	不集群	全部	异常	下层	不收集
六等	不动	不集群	全部	异常	底	不收集

选优的方法是:将确定孵化的亲蟹,傍晚投放于1立方米水体的水槽中(1只/槽),充气,控温22℃～25℃,投入轮虫20个/毫升,定时观察确定孵化时间。在孵化过程中应防止盐度变化超过3和水温超过25℃,否则孵化后畸形幼体比率增高。孵化后,早晨水槽停止充气,旋转水槽内的水,使卵膜及刚毛等脏物下沉堆积,健康幼体则浮于上层,用虹吸法将上层幼体吸入已准备好的幼体培育池中培养,收集密度为2万～4万只/立方米水体。国

内的生产性人工育苗多未经选优,直接在原池进行幼体的孵化培育,密度一般在10万~20万只/立方米水体。注意,一个池内应尽量选用同期孵化的幼体。

(五)幼体培育管理

幼体的培育是一项细致的工作,在幼体培育期间主要应做好以下管理工作。

1.饵料及投喂

溞状幼体孵化后立即开始从外界摄食。开始摄食的时间推迟半天,蜕皮的时间则会推迟一天,蜕皮率也大幅度下降,因此,选择适宜的饵料,适时适量地进行投喂是三疣梭子蟹幼体培育的一项很关键的工作,应非常重视。

三疣梭子蟹幼体培育的饵料应以生物饵料为主。研究表明,单细胞藻类、轮虫、桡足类、藤壶和牡蛎的卵或幼虫等是培育溞状幼体的最佳饵料。但在生产过程中,若生物饵料需要量大、饵料培养暂时脱节,也可搭配使用人工饵料,如蛋黄、蛤、虾、贻贝、蚌等贝虾类的肉糜及高质量的配合饵料等。实践证明,混合投喂比单一投喂幼体成活率高。

2.三疣梭子蟹幼体生物饵料的培养

(1)小球藻的培养。小球藻的生态条件参数:

温度:适宜4℃~28℃,最适18℃~25℃;盐度:适宜5~80,最适20~30;pH:适宜7~10.5,最适8.0~9.0;光照:适宜5 000~15 000 lx,最适8 000~12 000 lx。

营养盐母液的配制:1 000 mL海水中加入尿素100 g(或硝酸铵130 g,硫酸铵250 g),磷酸二氢钾10 g,柠檬酸铁0.5 g。

培养方法:

一级培养:在室内三角瓶内进行。各种器皿消毒后

用消毒水冲洗 2～3 次;培养用海水应煮沸 5～10 分钟,冷却后使用;培养密度控制在每毫升 800 万～1 000 万细胞,营养盐按 1:1 000 加入。

二级培养:在 1 m^3～10 m^3 水体的水池或水槽中进行,池或水槽经消毒处理后,注入用酸处理使 pH 值至 3 左右经 12 小时以上用氢氧化钠中和的海水,而后接入小球藻,培养密度控制在每毫升 1 000 万～1 500 万细胞,营养盐按 1:1 000 加入,并充气。

三级培养:在大水池中进行,使用海水经次氯酸钠 15～20 mL/m^3 水体(含氯量 5%～8%)处理 8 小时后加硫代硫酸钠去氯后使用,培养密度控制在每毫升 1 500 万～2 000 万细胞,营养盐按 1:2 000 加入。

培养管理:每日定时观测,当混入原生动物时,可采用绢滤除去或加入次氯酸钠 1.5 g/m^3 水体左右处理,杀死原生动物,过 2～3 天后小球藻可恢复生长,加入营养盐后 4～5 天方可提供轮虫及育苗用。

一般一、二级培养日增殖率为 30%～50%,三级培养日增殖率可达 10%～20%。

(2)褶皱臂尾轮虫的培养。主要生态条件参数:

盐度:适宜为 10～30,最适为 18～22;pH:7.5～8.5;温度:L 型最适 18℃～22℃,S 型为 25℃～28℃。

耐久卵的孵化:自然海水经 150 目筛绢网过滤,而后放入耐久卵,控制水温为 22℃～30℃,盐度为 20～22,并充气,以利孵化。

轮虫的培养:培养用水池经消毒后,加入小球藻 1 000 万细胞/毫升,待藻类被摄食殆尽后,投喂面包酵母(每 100 万个轮虫投喂 1～2 g)或啤酒酵母(每 100 万个轮虫投喂 3～4 g),培养密度控制在每毫升水体有 150～200

个轮虫。

管理方法:每日定时测定 pH、水温、氨氮、计数并镜检抱卵情况及活动。当 $NH_3—N$ 过高,增殖率降低及原生物出现时,应收获、冲洗、重新移槽培养。在培养过程中,2~3 天最好加入新藻液,以维持轮虫的生殖能力,同时放入吸污器以吸附清除残饵及代谢物。培养时日增殖率为 30%~90%。

(3)卤虫无节幼体的培养。卤虫,又名盐水丰年虫、鳃足虫或盐虫,我国大部分盐田均有分布。它是生活在高盐度海水中的小型甲壳动物,对不良环境的适应性强,增殖能力高。可在简陋的条件下培养,并获得高产。正常情况下,卤虫以单雌生殖方式繁殖后代。卵的直径约 0.21 mm,卵壳很薄,称为夏卵,在母体育卵囊内发育孵化为无节幼体,后排放水中营自由生活。通常一尾雌体的怀卵量从几十粒到 100 多粒。环境条件不利时,则出现雄体。雌雄交尾产生的受精卵,称为冬卵(或休眠卵)。冬卵具有很厚的卵壳,球形,直径为 0.23~0.28 mm。降雨和水温显著下降,是促使卤虫产生休眠卵的主要原因。冬卵经过春化(低温催醒),在合适的水环境条件下孵化为幼体。初孵化 1~2 天的无节幼体体长 0.30~0.48 mm,橘红色,无口器和消化道,靠自身卵黄营养。因它体内含有大量卵黄、丰富的蛋白质和脂肪,作为蟹幼体的活饵料最为适合。

卤虫卵的采收处理:为提高卤虫卵的孵化率,当年就应将卤虫采收并进行潮湿冰冻处理。方法是将采收的卤虫卵放入布袋内,移入按 1.6 kg 粗盐加 50 kg 水配成的盐水中反复洗涤,直至水清无混浊现象为止,然后把洗净的卵置于-15℃或更低温的冷冻条件下,冷藏 30 天。取

出后晾干或在不太强烈的阳光下晒干,使卵的含水率不超过13%,以便较长时间保存。

孵化:卤虫卵的孵化过程为,将冷冻处理过的卤虫卵(干重每克20万粒左右),装入120目尼龙筛绢网内,用水反复淘洗;移入浓度为200 mg/L的福尔马林溶液内浸泡消毒半小时,也可用有效氯含量为10%的次氯酸钠溶液浸泡淘洗,浓度为300 mg/L,但浸泡后要用硫代硫酸钠中和余氯;将消毒后的冬卵,按每升海水1~2 g的比例放入孵化槽(池)内孵化,保持水温27℃~30℃,盐度30,并进行剧烈通气。一般经过24~30小时就可孵出幼体。

分离:孵化出的卤虫无节幼体要经过分离,把卵壳与幼体分开,避免卵壳污染幼体培育池的水质。分离方法有:①光诱法,利用无节幼体的趋光习性,在孵化池一端挂灯诱捕。②遮光法,分离时停止充气,池内用黑色塑料薄膜遮光20~30分钟以后,卤虫无节幼体可从池壁中部的阀门往外排放,也可用虹吸法将中层的卤虫无节幼体收集到网袋内。③改良的金尼式装置,即将长方形水槽分隔成3部分,中间有盖,形成黑暗,两侧不盖,有光源。分离时,将孵化出的无节幼体连同卵壳、坏卵等用筛绢捞入中间部分,盖上盖子后,无节幼体由于趋光可通过隔板的小裂口游到两侧部分,卵壳则留在中间部分而达到分离目的。

卤虫去壳卵的使用和加工步骤:卤虫休眠卵外面有一层咖啡色硬壳,它的主要成分是脂蛋白和正铁血红素,这些物质可以被一定浓度的氯酸盐溶液氧化而除去,使卵只剩下一层透明的膜,这层膜可以被动物消化吸收。处理后的卵的活力不受影响,去壳休眠卵仍可正常孵化。由于卵壳已经除去,无节幼体不需经过分离就可用于投喂；而且，去壳休眠卵可以不经孵化，直接投喂，省去了孵化过程。这是去壳卵应用于养殖中的一个重要科技进步。其加工步骤如下：

A. 去壳液配制：一般用次氯酸钠或次氯酸钾为主要原料。也可用漂白粉，但有沉淀，使用时不如前者方便。

次氯酸钠（钾）液 500 mL（有效氯含量按 10% 计），海水 800 mL，氢氧化钠 13 g，充分搅匀，静置沉淀，取上清液待用。

漂白粉 250 g（有效氯含量以 20% 计），海水 1 300 mL，加碳酸钠 100 g，充分搅和后静置沉淀，取上清液待用。

B. 去壳过程：称取卤虫卵 100 g，在海水或自来水中浸泡 1 小时，用筛绢网捞出冲洗干净，投入去壳液中，当卵色由咖啡色变为灰白，继而变成鲜橙色时，去壳就完成。上述去壳过程要求在 15 分钟内完成。因为去壳过程中，水温有时会很快上升，若超过 40℃，卵粒孵化会受到不良影响。所以，在必要时应采取降温措施。

C. 中和残氯：去壳完毕后，即可用 120 目筛绢网将卵粒捞出，用海水冲洗后，放入 1%～2% 的硫代硫酸钠溶液内，除去残氯，卵粒就可直接投喂。

D. 去壳卵保存：用不完的去壳卵，置入饱和食盐水（1 L 水加食盐 300 g）中保存。为避免阳光紫外线杀伤卵胚，应避光贮存。

利用卤虫去壳卵作为饵料的优点是加工设备简单，操作简便，不占用育苗水体，冬卵利用率高，可防止聚缩虫病蔓延。但卤虫去壳卵的比重较海水大，容易沉底，是其不足之处。补救方法是投喂时要伴随较强的充气。最后再提醒注意：为防止去壳卵表面残氯对幼体产生不良

影响,去壳卵要经过严格的除氯处理。

(4)蛋黄颗粒的制作。鸡蛋、鸭蛋均可,以鸡蛋蛋黄为佳。将蛋煮熟,取出蛋黄,用细目筛绢(最好260目,以后随幼体发育逐步改用200目或孔目稍大一些的筛绢)包裹后挤压,再放在盛有清洁海水的容器内,用手搓揉荡涤,蛋黄颗粒便从筛孔中滤出,取其滤出液泼洒投喂。网目愈细,搓揉所费时间愈多,花费劳力愈大,而蛋黄颗粒越细,越有利于早期幼体摄食。

在三疣梭子蟹幼体培育中,饵料及投喂这一环节还应注意以下几个问题:

孵化当日的摄饵量因饲育水温不同而差异很大,水温差为3℃时,摄饵量相差2倍以上。也就是说,幼体的日摄量与水温关系密切,在适温范围内,随温度的升高,日摄量将会增加。

一天的摄饵量与体重的比率,第一龄期最大,依次成为以后几个龄期的个体,则迅速变小。

一天的摄饵数量,从重量来看,大型饵料比小型饵料显著要多,这是因为,利用大颗粒饵料可以节省幼体的能量消耗,这对幼体期的整个发育和成活率都具有极为重要的意义。

轮虫投喂前应浓缩收集到高浓度小球藻(2 300万~2 500万个细胞/毫升)或扁藻(20万~25万个细胞/毫升)中进行强化营养培育。轮虫密度为400~500个/毫升。刚孵化的卤虫无节幼体也可放入加有乳化乌贼肝油(50 mL/m^3)的水槽中,卤虫量为10 000万~14 000万个/立方米,经6小时以上的营养强化后再投喂,以提高其本身的营养价值。

以上所列三疣梭子蟹幼体培育的饵料种类、日投饵量及日摄食量等仅供读者参考,而在实际生产中还应根据当地实际情况,比如饵料资源,水温情况,幼体的密度、活力、摄食情况,水质等综合因素灵活调整,以使幼体得以正常发育和生长,从而取得好的成活率和出苗率。

3. 水质调节

(1)三疣梭子蟹幼体培育的水质指标

pH值:控制在7.8~8.6范围内。可用换水或添加藻液及贝肉汁方法调节。

盐度:三疣梭子蟹溞状幼体期为25~31;大眼幼体期为20~25;幼蟹期为15~20;盐度日变化不应超过2。盐度过高或过低,用加淡水或卤水的方法调节。

溶解氧(DO):应在4 mg/L以上,最好在6.0 mg/L左右。如果溶解氧超过8.22 mg/L,pH值超过8.6时,溞状幼体易发生气泡病。在pH值为8.5以下,溶解氧的安全范围为8 mg/L。水中溶解氧用换水、充气进行调节。

温度:幼体培育期间,水温控制在22℃~25℃较为适宜。其中:Z_1为23℃;Z_2为24℃;Z_3为24℃;Z_4为24.5℃;M、C_1为25℃。

氨氮(NH_3—N):应控制在0.5 mg/L以下。

光照:一般控制在1 500~2 000 lx之间。

(2)添、换水。溞状幼体初期对水环境的变化非常敏感,故只加水不换水,即Z_1、Z_2期每日添水10%~20%,从Z_3期开始换水,Z_3、Z_4期每日换水20%~40%,M期用20目网箱换水50%~60%,C_1用网目1 mm网滤水,日换水60%~80%。应根据具体情况灵活掌握。

(3)充气。在育苗期间须连续充气,使池水处于微流动状态。充气不仅给水体补充溶解氧,还能使幼体和生

物饵料分布均匀。在育苗初期,充气量要小些,使水面略有波动即可。随着幼体的长大,充气量应相应增加,到大眼幼体期,充气时水面以呈翻腾状为宜。幼体发育阶段各期的充气量可参考表1-14。

表1-14 三疣梭子蟹幼体发育阶段各期的充气量

幼体期别	充气量(每分钟水体体积的%)	水面状况
Z_1	0.8	微波
Z_2	0.8~1.0	翻腾
Z_3	1.0~1.2	翻腾
Z_4	1.0~1.2	激烈翻腾
M	0.8~1.2	激烈翻腾

充气设施通常用罗茨鼓风机。该风机量大、风压稳,适用于大规模的育苗生产,可满足育苗前、后期的不同充气量之需。小型的充气增氧机,适宜于小水面的育苗之用,池面积过大,易造成育苗后期的充气不足。气体经聚乙烯散气管通入池底,再经气泡石送气,气泡石以采用60粒度的砂轮气石为宜。或将内径为1.3 cm的聚乙烯硬管直接布置于池底,在该管上按一定的间隔开一直径为0.1 cm的气孔。气泡石(或气孔)可按每平方米设置1~1.5个。气泡石的布局以呈中间两平行线绑一块加强型或梅花五点型或蜂窝六点型为宜。

(4)吸污。若在三疣梭子蟹溞状幼体第Ⅳ龄期的末期池底脏,可用吸污器去除。

4.幼体的观察

(1)幼体各期的识别方法。溞状幼体的分期,主要根据幼体第一颚足外肢羽状刚毛数和腹肢形态进行区别,简易识别法是：Z_1 期刚毛四根；Z_2 期刚毛六根；Z_3 期腹肢芽突出现；Z_4 期腹肢分两节呈桨状；M 期螯足出现。

(2) 幼体各期蜕皮征兆。甲壳类蜕皮时，由上皮层细胞分泌酶，将旧皮的内表皮溶解，使外表皮与上皮分离，与此同时，在旧皮之下上皮层又分泌出新的表皮。组织学观察其间上皮细胞发生显著变化，进行分裂和蛋白质合成，结果使细胞变大、增长，分泌出新的外骨骼（次生甲壳），新旧甲壳间充满透明液体，旧壳内已具备下一阶段较完整的结构，幼体阶段则伴着形态上的急剧变化。个体发生的下一阶段，退化的或新发生部位形成双重结构或稚形，蜕皮后吸水膨胀成为下一期个体。三疣梭子蟹幼体各期蜕皮征兆显著出现部位如图 1-11。

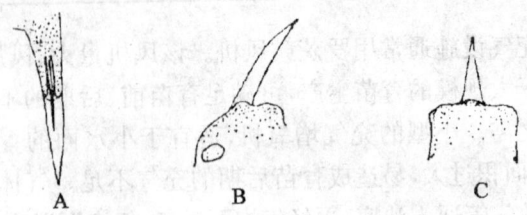

A. 溞状幼体 Ⅰ～Ⅲ 期尾节　B. 溞状幼体 Ⅳ 期背刺
C. 大眼幼体额刺

图 1-11　三疣梭子蟹各期幼体蜕皮征兆

外观蜕皮前表象：$Z_1 \sim Z_4$ 期蜕皮前活力变弱，体色变浓；M 期尾部内卷，附着在物体上。

蜕皮征兆出现程度，有着渐变的过程，通过观察可掌握培育管理是否得当，并可知后期各阶段幼体发育是否同步。一般在水温 22.5℃～25.0℃时，$Z_1 \sim Z_3$ 征兆出现后当日变态；Z_4、M 组织收缩达刺的 2/3～3/4 时当日变态。

(3)各期幼体发育所需天数。在前述温度条件下,正常情况 $Z_1 \sim Z_4$ 每期经过 3 天,M 期需 4 天到 C_1,共需 17 天到稚蟹。一般水温在 22℃～27℃范围内,水温越高,幼体发育期越短,需 15～21 天。

(4)幼体摄食、活力、体态的观察。在幼体培育期间,每天至少两次观察幼体的胃肠饱满度、活力、体表光滑及粘脏情况、残饵多少等,准确掌握幼体的健康状况和投饵量,以及时采取相应措施,保证幼体能正常发育。

5. 日常观测

在三疣梭子蟹幼体培育中,除时常观察幼体情况外,还应每天检测水温、盐度、pH、溶解氧、氨氮、水色、透明度、饲养水中出现生物、藻液浓度等,并随时进行调整,以最大限度地满足幼体生长发育的需要,加快培育速度,提高成活率。

6. 附着器的投放

幼体发育至大眼幼体时,残食激烈,提前投放附着网可减少相互残食。附着网最好是白色,其网目以大眼幼体不能通过为好,网面最好有羽状突起,以防因通气或水流冲击,造成幼体脱落。附着网斜放效果最好。

目前,生产中多用 20 目的纱窗网或筛绢网等,幅宽 1 m,长度可与育苗池的大小相适应,一般 1 m～4 m。投放数量可根据育苗池内幼体密度大小而增减,一般每立方米水体中投放 0.5～1 m^2 的防残网。投放时间过早、过晚都不好,最好在大眼幼体即将变态时投放。并注意防残网的投放位置应设在幼体活动水层,还应设浮沉装置,可随水位升降而升降。还要注意,在幼体培育中,应及时洗刷防残网,以保持防残网的清洁。

五、幼蟹培育

由大眼幼体变态而来的第一期幼蟹（稚蟹、仔蟹），最好经过一个阶段培养,再作为种苗进行放养或放流增殖。变为幼蟹后,逐渐营底栖生活,所以应将幼蟹移放到底面积大,且铺沙的水泥池中饲养,同时可适当减小放养密度。为了防止同类相残,还可投放附着基。在幼蟹蜕皮4～5次后,应倒池一次,倒池时应先将附着基移入新池,然后将其他散游的幼蟹移走。可以在晚上用灯光将幼蟹诱集在一起,用网捞出。在可能的情况下,应把不同大小的幼蟹分池放养,以减弱相残。

当幼蟹继续培养15～20天,甲宽达2 cm左右时,可作为养殖和放流用苗种出池,但是这种规格的蟹苗在水泥池中培育是有困难的。由于密度大、互残严重,使成活率大大降低,所以作为养殖用苗种,可以考虑在第一或第二幼蟹期提前出池。现在山东各地三疣梭子蟹的养殖多采用直接放养第一期或第二期幼蟹来进行养成。

六、幼蟹出池、计数与运输

(一) 出池

当大眼幼体变为幼蟹(C_1)时,将培育水温逐渐调至室温,第二天后可以出苗。出苗时,先把附着基上的幼蟹取上来,放入水槽中,然后排水至水深20 cm～30 cm,再由池底排水孔把蟹苗排入集苗箱内。

刚变态的幼蟹(C_1),甲壳宽3 mm～4 mm,体重10 mg,甲壳柔软,足易蜕落。出苗应小心,防止蟹苗受伤。如果养成或放流最好再经过中间培育或继续在池内培育(见幼蟹培育)。第一期幼蟹(C_1)经1周培养,甲壳宽可

达1.0 cm左右。夜间可用灯光诱集幼蟹。两周后甲壳宽达2 cm左右,可垂吊无结方孔小目网,幼蟹附到网上,即可出池。

(二)蟹苗计数

幼蟹出池时应进行计数。幼蟹计数有容量法和重量法两种。

1. 容量法

在容量300 L的水槽内,放入250 L海水,目测一次放入3万~5万只幼蟹,一边把海水充分搅拌,同时用1 L的计量杯取样计数。计算单位水体的平均个体数,以计算总数量。

2. 重量法

准确称取一定重量幼蟹后,计算个体数,然后称其全部个体重量,再计算苗种总数。由于稚蟹多分布于水下层,故以重量法为准。生产上多采用重量法计数。

(三)蟹苗运输

通常是水运,用大塑料桶、木桶或帆布桶等加水充气运输。桶内装附着基或辅人工海藻。容积为$1\ m^3$的水桶,可放蟹苗(C_1)10万~15万只连续运输20小时以上。

若运送甲壳宽2 cm左右的幼蟹可用石莼等海藻分2~3层,放在厚纸箱或保温箱内干运。还可用聚乙烯袋(50 cm×100 cm)装入海水,每袋放入100~200只蟹苗,充入氧气运输。在运输过程中可能有的幼蟹附肢蜕落,但很少死亡。幼蟹经2~3次蜕皮后,可以再生新的附肢。甲壳宽5 cm以上的蟹苗,可用锯末加冰块,以聚乙烯袋包装运输。

七、病害及防治

三疣梭子蟹在育苗过程中,受水质、饵料等多方面因素的影响。也发现一些流行广,危害大的疾病。现把育苗过程中常见的疾病及防治方法介绍如下。

(一)细菌病

幼体活力弱,摄食差或不摄食。血液不凝固或凝固很慢,镜检血液或体内有许多活细菌存在。此病感染快,致死率高,死亡可达100%。

防治方法:育苗用水及用具彻底消毒。发病初期可用抗菌素 1～4 mg/L 全池泼洒。

(二)真菌病

镜检濒死幼体或刚死幼体,体内充满粗壮、分枝、无隔的菌丝。受感染的幼体死亡率达100%。

防治方法:严格消毒池水,及时消除已感染或已死亡的幼体。可全池泼洒氟乐灵 0.01～0.03 mg/L 进行治疗。

(三)气泡病

幼体身体表面、循环系统、消化系统等出现气泡的病症,皆称气泡病。该病起因于溶解氧过饱和或氮气,死亡率比较高。

该病多发生在高温、强光照、饲育水中藻类浓度过大,pH过高的条件下,由于空气突然呈过饱和状态,多余气体难以立即逸散所致。因此,当估计到可能发病时,应立即加强换水、通气、遮光、降温等。以上措施是目前生产中防止气泡病最有效的手段。

(四)白浊病

溞状幼体肝脏背部及附肢基节出现白色混浊现象,与其相连的体内组织也不透明,呈坏死状态。有时发病率可达 80%～90%,死亡率极高。因目前病因不详,只采取一般预防措施,提高幼体的抗病力。

(五)畸形症

孵出的幼体出现畸形,主要有头胸甲的刺或缺或短小,或颚足外肢的游泳刚毛发育不全,在静水条件下,畸形个体很难上浮,应进行淘汰。白天孵化时畸形率很高。夜间正常孵化的个体中也有发现。畸形的出现,可以认为有以下原因:①亲蟹捕捞、运输及以后管理中有问题,比如亲蟹培育和暂养期间水温变化较大可导致畸形。②卵子长时间暴露在空气中或池底泥沙污染,可引起异常孵化或出现畸形幼体。③水中重金属离子超标可引发畸形,此原因引起的畸形可在水体中保持 $2\sim 5$ g/m^3 水体 EDTA 防治。

(六) 附着生物

在溞状幼体期间每 $2\sim 4$ 天蜕皮一次的情况下,身体表面有时仍然有微小生物附着生长。主要是一些有柄附着型纤毛虫类及附着底栖硅藻等,有时也发现有丝状细菌、霉菌。溞状幼体蜕皮之后更新了表皮,故附着量少的问题不大,但严重时会使幼体的游泳、摄食行动出现障碍。特别是最后一期的溞状幼体,两次蜕皮间隔时间较长,附着严重时会造成大量死亡。

这些生物的附着,多在幼体健康状态不良时,以及水质不佳时发生。因此,当幼体体表出现附着物时,应采取适当换水措施,改善水质,并加强饲喂,增强幼体体质。幼体蜕壳后彻底吸污,会大大减少池内的寄生物,从而减少寄生物的感染机会。可用络合铜 2 mg/L 全池泼洒进行治疗。

第五节 三疣梭子蟹的成蟹养殖

三疣梭子蟹的成蟹养殖是将蟹苗或蟹种饲养成商品

蟹的过程。目前人工养成的方法主要为池塘养殖,我国沿海大部分地区,通常利用闲置的对虾养殖池塘进行三疣梭子蟹的饲养。除此之外,还有笼养、围养、水泥池养等养成方法。

一、池塘养殖

三疣梭子蟹的池塘养殖大致可分为池塘养成、育肥和越冬三种形式。养成是指从蟹苗养到商品蟹;育肥是指秋天收购交尾雌蟹,在池内再暂养2~3个月,使其性腺更加饱满,高价出售;越冬是选择大规格亲蟹,在室内或室外越冬,为翌年春天提供亲蟹。

(一)池塘养成

1. 养殖场地的选择

养殖场地应选择风浪小,潮流畅通、海水交换好,容易排灌的中潮区,并且不受暴雨、台风及工厂排污影响的海区。水质澄清,海水比重在1.008~1.020范围内。底质为细沙,松散无黏性为佳。冬季水温不会长时间低于7℃(三疣梭子蟹在水温短时降至0℃亦可生存)。同时还应注意苗种与饵料资源较丰富,人力、物力较充裕,建场省工省料的海区。

2. 养成池的建造

养成池一般用土池,建在中潮区附近,高潮时能灌水,低潮时能排干。无此条件的地方则以水泵提水。

蟹池的建筑面积不宜过大或过小,一般3~10亩(每亩为667 m^2)为宜,以长方形为好,长宽比为3∶2或5∶3最佳,蟹池中央应平坦,池底铺设10 cm厚的细沙,周围有1 m宽、30 cm深的环沟,作为蟹的栖息地方。池底还应铺设各类障碍物如瓦砾、石块、网片等(图1-12)。外堤

宽而高,池堤高度应在 2 m 以上,使池中水深能保持 1.5 m 左右。池堤必要时应设立排注水闸门,有利于排灌水,保证池水充分交换,水质新鲜。

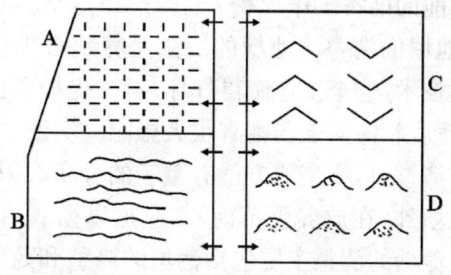

A. 550 m² 畦编网(1 m×3 m)间隔 1 m 纵横设置　B. 550 m² 畦编网(20 m×0.3 m)装设 6 排　C. 700 m² 尼龙网(网目 1.25 cm)12 m×0.5 m 装设 6 片　D. 700 m²,做成小沙堆

图 1-12　三疣梭子蟹养殖池和池内设备的设置

也有用虾池改作养蟹池的。但应该指出,有些虾池因底质为软泥,不太适宜养蟹,有些地方盐度太低也不宜养蟹。即使某些虾池改作蟹池,也并不十分理想,最好进行适当改造(表 1-15)。

表 1-15　对虾池和蟹池的区别(刘卓等,1986)

项目	蟹池	虾池
适宜养殖盐度	10.00～26.10	2.00～31.00
池子水面(亩)	1～3	30～50
底质	细沙质无黏质土为好	泥质或沙泥
池底	或有 10 cm 厚细沙,或设沙堆或其他障碍	平坦
堤坝	最好石砌或水泥板(防逃)	土坝

三疣梭子蟹与锯缘青蟹类似,有时能在陆地上爬行,在水环境恶化时容易从池内跑出。因此,在堤上可用竹篾、树枝或高粱秆等编成箔帘子,平坦在堤上,以便防逃。

3. 养前的准备工作

(1)池塘的清整。池塘的清整是养殖三疣梭子蟹的一个关键技术,这个工作做得好坏,对三疣梭子蟹的成活率、生长速度和体质强弱都有很大影响。实践证明,池塘哪个地方清整过,哪个地方就有蟹子的分布。因此,除了新挖的池塘外,在放养蟹苗前,都应加以彻底清整,包括环水沟。池塘的清整主要包括池塘的修整和药物清塘两个环节。

池塘的修整:最好在秋末收蟹后进行。就是挖除池底过多的淤泥(池底一般保留 5~10 cm 厚的淤泥,以利饵料生物的繁殖),让池底冰冻日晒,最好翻松池底淤泥进行暴晒,以使池底充分氧化,并冻死、晒死池底的病原体和敌害生物。除此之外,还应维修塘堤、堵塞池堤上的漏洞等。利用吸泥泵吸除池底过多淤泥,可节约人力,减低劳动强度,提高工作效率。

药物清塘:经修整后的池塘,还须进行清塘消毒,以杀灭影响三疣梭子蟹养殖的病原体和敌害生物。

清塘的时间一般在放养前 10~15 天进行,若与对虾混养,则应在放养前 30 天进行,清塘应选在晴天进行,在阴雨天气中,清塘的药物不能充分发挥其作用,操作也不方便。

目前,生产中常用的清塘药物有生石灰、漂白粉、茶籽饼、鱼藤酮等。水草特别多的池塘,也可采用除草剂清塘。

A. 生石灰清塘:生石灰不仅能杀死杂鱼、杂虾、病菌

及寄生虫,而且能改良池塘底质,是一种很好的清塘药物。清塘时使池塘水深保持在 5~10 cm,每立方米水体用优质石灰 375~500 g,可干撒,也可用水化开后趁热全池泼洒,凡在最高水位线以下的池堤处都要泼到,并要泼得均匀。最好在泼后第二天再用耙子将塘泥和石灰搅和一遍,以充分发挥石灰的作用。休药期为 7~10 天。

B. 漂白粉清塘:漂白粉对于原生动物、细菌有强烈的杀伤作用,故可预防疾病,并可杀死鱼类等敌害生物。使用时加水溶解,然后全池泼洒,泼洒方法同生石灰。用量是每立方米水体加漂白粉 50~80 g。休药期为 5 天。

C. 茶籽饼清塘:其主要杀伤鱼类及贝类,使用时将茶籽饼粉碎后用水浸泡数小时,按每立方米水体 15~20 g 的用量连水带渣全池泼洒,1~2 小时即可杀死鱼类,休药期为 2~3 天。

D. 鱼藤制剂清塘:鱼藤制剂内含有的鱼藤酮对鱼类有强烈的毒性,对甲壳类毒性却甚微。

a. 鱼藤酮乳油。又称鱼藤精,清池一般用含鱼藤酮 5% 的鱼藤精,每立方米水体施药 1~2 g。但由于该药有效成分不稳定,陈旧药品药效下降,因此,使用前应进行药效试验,决定用量。

b. 鱼藤根粉。其含 4%~5% 的鱼藤酮,清池时每立方米水体用干粉 4~5 g,稍经浸泡后连水带渣一同撒入池中。本品价格便宜,保管及使用都较方便,是较理想的清池药物。同时,鱼藤的鲜根也可用于清池,并且效果比干根还要好,小根比大根效果好。使用时应将根切成小块,在水中浸泡,边泡边砸,砸过再泡,使鱼藤酮尽量浸出,1~2 天后把浸出液洒于池中。每立方米水体用量,鲜根比干根要酌情增加。

药物清塘还应注意以下事项：①清池应选择在晴天上午进行，可提高药效；②清池前要尽量排出池水，以节约药量；③在蟹池死角，积水边缘，坑洼处，洞孔内亦应洒药；④清池后要全面检查药效，如在1天后仍发现活鱼，应加药再清，注意休药期，并经试验证实池水无毒后再放蟹苗。

(2)铺沙和设置障碍。三疣梭子蟹养殖池最好铺10 cm厚的细沙，并安放障碍物如图1-12。

(3)进水及饵料生物的繁殖。清塘药物休药期后，就可开闸进水。为防敌害生物入池，须用60目筛绢网滤水。注入池内的水，应未受污染，不含有害元素，盐度为16～34，pH值在7.8～8.6之间，溶解氧5 mg/L以上，进水水深为70～80 cm。

池塘进水后，还需施肥培育蟹苗的饵料生物。实践证明，施肥培养饵料生物并在池塘中移植卤虫、沙蚕等，可大大提高三疣梭子蟹的苗种成活率，并可降低养殖费用。因此，饵料生物的繁殖是三疣梭子蟹养殖中一项重要技术措施。生产中多施用化肥，每亩可施氮肥1.5 kg及磷肥0.5 kg。

4. 苗的放养

(1)放养方式。借鉴其他水产甲壳动物的养殖方式，三疣梭子蟹的养殖池也可分为粗养、半精养和精养3种方式。

粗养：在单位水体上投入较少的人力、物力，因而产量也较低的养殖方式。一般就是指不投饵、不施肥，只进行放养和一般管理的养法。面积一般超过10公顷，是一种比较落后的养殖方式。过去有少数地方用此养殖方式，近几年几乎无人采取此种养殖方式。

半精养:称人工生态系养殖法,面积一般为2～3公顷。其基本原理是通过清除敌害生物,促进饵料生物的繁殖,合理放苗,改善水质,创造一个适宜于三疣梭子蟹生活和生长的生态环境。另外补充适当的饵料,以充分发挥和提高池塘的生产能力。这种养殖方式由于清除了敌害生物,移入了适宜的饵料生物,比如卤虫、沙蚕等,改善了池内生态环境,养殖产量较高,经济效益较好,值得在生产中提倡。

精养:以投饵为主,用低值蛋白质换取高价蛋白质的生产方式,是当前我国三疣梭子蟹养殖生产中采用的主要方法,面积一般在0.7公顷以内(多为0.2～0.4公顷)。其放养密度较大,养殖技术水平要求更高,需彻底清池除害,投喂优质、充足的饵料,适时调节水质,换水率高,故产量较高。

(2)蟹苗的来源和选择。目前,生产中蟹苗的来源有二:一是捕自天然海区的蟹苗,捕蟹苗时操作要轻捷,离水时间要短。天然蟹苗要选择健壮、无伤无病,附肢齐全的。二是人工培育的蟹苗,Ⅱ期第二天的幼蟹(每0.5 kg 8 000～12 000只)最好。实践证明,苗种的选择应按以下标准进行:规格整齐;壳率小于10%,大约都为2龄Ⅱ期;检查螯足,两个全无者要少于5%;个体健壮,活力强,甲壳朝上率100%,有反着的则不好。

(3)放养密度的确定。幼蟹的放养密度可根据池水的深度、气候、环境条件、放养形式、饲养技术及计划产量等情况而定。水深1.7 m左右的池塘,每亩放养体重15～20 g的幼蟹1 000～2 000只,或者Ⅰ期幼蟹(C_1)3 000～5 000只。在精养条件下,每亩放甲壳宽2 cm的幼蟹5 000～6 000只,或放甲壳宽6～8 cm的幼蟹1 500～

2 500只;半精养条件下,每亩放Ⅱ期幼蟹2 000~3 000只,或放甲壳宽5~6 cm的幼蟹1 000只;粗养条件下,每亩放甲壳宽5~6 cm的幼蟹150~200只。

以上数值仅供参考,具体的放苗数量还需生产单位根据自己的实际情况酌情增减。

(4)放养时间。三疣梭子蟹的放养时间因地而异。南方从4~5月直到8~9月都可放养,北方地区从5月上旬到7月上旬也都可放养,但以5月下旬到6月中旬放苗最好,7月10日以后放的苗长不好。但不管怎样,放苗时间应根据当地气候条件,抓一个早字,早放苗则早育肥。

(5)苗种的中间暂养。在三疣梭子蟹的成蟹养殖中,进行苗种的中间暂养不但可以提高蟹种的成活率,而且容易进行雌雄分养。这是成蟹养殖生产中一项行之有效的技术措施。

暂养方式:中间暂养主要有暂养池暂养、围网暂养和网箱暂养三种方式。暂养池面积应为养成池面积的3%以上,其优点是管理方便,便于起捕,缺点是暂养密度较低。暂养池清池后(清池方法同前),应用20~30目的雨花网围起来,围网高应在0.5 m以上,以防蟹种逃逸及敌害生物侵入。围网暂养就是在养成池一角用20~30目的雨花网围成一个暂养区,面积可为养成池面积的2%~3%。网箱暂养,每亩养成面积不小于1.0 m^2,箱底必须铺设隐蔽物,其优点是灵活、方便、密度高,但成活率较低。

暂养管理:暂养池水深0.5 m,透明度40 cm,pH值7.8~8.7,溶解氧5 mg/L以上,日换水20%。网围暂养由于是在大水体中,故一般无须换水。放苗后应向池内投石莼、海藻等,同时向池内移植大量的活短齿蛤、蓝蛤等小型低值贝类,移植量为100~200千克/亩。暂养15

～20天,其甲壳宽达 2～4 cm,即可移入养成池中养成。

(6)雌雄分养。养殖实践证明,雌雄混养的养成率极差,且冬季雌蟹价格比雄蟹高两倍以上。故有条件的地方可在养殖过程中逐步把雌雄分开饲养,雄蟹达到商品规格后随时出池上市,雌蟹不论交尾与否卵巢均可成熟,可养到冬季卵巢成熟之后上市。

雌雄的鉴别:当暂养池中的蟹苗平均甲壳宽达 5 cm 时,雌雄即可容易鉴别。其主要区别是:①雄蟹螯足发达,掌节较长,雌蟹则相对较短小。②雄蟹腹部呈窄三角形,第一节很短,第二、三节呈锋锐的隆背形,第三、四节愈合,仅有不明显的节缝,尾节呈三角形;而雌性腹部圆大,三角形较宽且较规则,共分 7 节,分节较明显。

分苗时间及方法:分苗时间要尽量选在月光充足的夜晚,利用月光充足、蟹子活跃这一特点,通过放水以获取更多的蟹苗。

暂养池的分苗方法是在闸门上安装袖网,长度 7.5 m 左右,末端接一网箱,规格为 60 cm×60 cm×80 cm,以收接蟹苗。放水时闸门开启不要太大,避免水流过急损伤蟹苗。蟹苗进入网箱后要不断捞出,切忌密度太大造成挤压。蟹苗捞出后要立即分拣分放到养殖池内,以尽量减少干露时间。对于池底残留的蟹苗要一一拣出,分养到养殖池内。

(7)放苗。放苗前养成池水质条件的测定:放苗前要认真检测养成池的水质条件。养成池的水质指标:水温大于 18℃,与暂养池的温差小于 2℃;盐度为 18～32,与暂养池的盐度差小于 5;pH 值为 7.8～8.6;氨氮小于 1 mg/L。

放苗:待苗种运到后应准确计数再投放。对于甲壳宽 5 cm 的蟹苗，小型池塘可在池一边顺风放，大池塘要多点投放。而对于甲壳宽小于 5 cm 的蟹苗可集中投放，这样便于投饵，因三疣梭子蟹只有甲壳宽长到 5 cm 以后才分散活动。

5. 饲养管理

(1)饵料及投喂。三疣梭子蟹的饵料品种以低值的鲜活贝类、杂鱼、虾类为主。而且实践证明，对于平均体重 0.3 g(全甲宽 1.15 cm)和 38 g(全甲宽 7 cm)的幼蟹，当投喂菲律宾蛤仔时，生长最快，投喂杂蟹类及小型虾类时，生长稍次于蛤仔喂养，杂鱼则更差(图 1-13)。但在实际养殖过程中，考虑到饵料的货源、价格、供应、贮存等诸多因素，可以采取多品种饵料搭配投喂，以取得营养的互补。

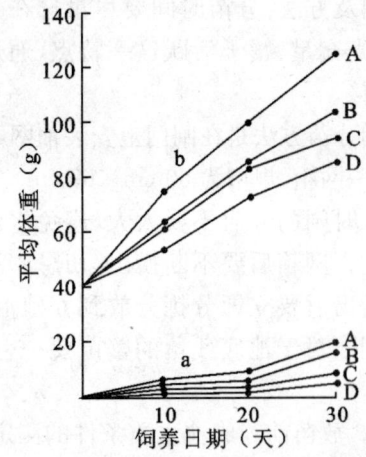

饵料种类：A. 菲律宾蛤仔；B. 杂蟹；C. 小型虾；D. 杂鱼
（每天投饵量为体重的 30%）
三疣梭子蟹初始体重：a. 0.3 g；b. 40 g

图 1-13　投喂不同饵料体重为 0.3 g 和 38 g 的三疣梭子蟹生长速度变化放养密度为 20 只/3.3 平方米

投饵量可根据水温变化及摄食率来确定。每天的摄饵率,根据宇都宫正的测算,体重0.8 g的幼蟹达80%～90%,随着生长而剧减,体重30 g的个体为20%～30%(图1-14)。体重小于20 g的个体,不分昼夜活泼摄饵,超过20 g的个体,只在夜间进行摄饵活动,与此同时,摄饵率也呈进一步减少的趋势。因此,日投饵量,在前期一般按体重的8%左右投喂;进入8月按体重的10%～15%投喂;水温8℃～15℃,日投饵量为总重的3%～5%,11月下旬后,日平均水温在8℃以下时,不必投饵。2～3天观察一次残饵的有无,以及时调整投饵量。

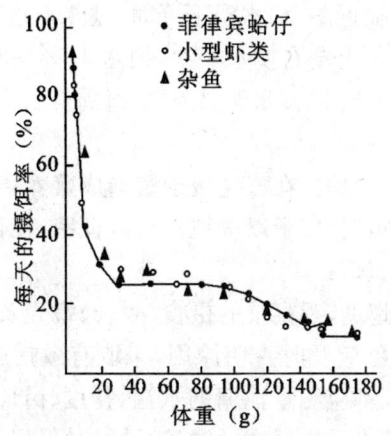

图1-14　随着三疣梭子蟹的生长每天摄食率的变化

日投饵2次,傍晚、天亮前各投喂一次。而且根据三疣梭子蟹昼伏夜出的习性,早晨投喂占总量的1/3,夜间投2/3。20 g以下的幼蟹应在白天加喂1次。

饵料要投在池塘四周的浅水区,在群体经常活动的区域内,应多投些,切忌投于蟹的潜伏区,环水沟内也不能投。

(2)水质调节。三疣梭子蟹成蟹养殖的水质指标:

成蟹养殖期间,水质指标范围一般为水温18℃～33℃,以25℃～32℃生长最快;pH值为7.8～8.6;盐度18～32;溶解氧大于3 mg/L;池水透明度保持在30 cm～40 cm;氨氮小于1 mg/L。

添、换水:养殖前期,即投苗后的20～30天内,以添加池水为主,待池塘水位提高到1 m左右后,可根据水质情况适时换水。在7～8月高温季节,要加深池水,每旬换1次水,每次换水量为池水的1/3～1/2。进入9～10月的交尾期,应保持最高水位,并增加换水量,这有利于雌雄交配。临近冬季、水温下降时,池水深度须保持在1 m以上。每3天左右换水一次,换水10%～30%。待水温降至8℃以下,以蓄水保温为主,每周换水一次,并保持高水位。

(3)日常管理。在三疣梭子蟹的成蟹养殖中,日常管理工作非常重要,应予以重视。实践证明,在日常管理中应做好以下工作:

要早晚巡塘,观察蟹的摄食、生长、蜕壳及活动情况,发现异常现象应及时查明原因,采取有效措施。注意水质变化,每天都应测量池塘的水温、盐度、pH、溶解氧、透明度、氨氮等水质指标,并做好记录。对于超常指标应予以调整。

检查池内残饵情况,及时调整投饵量。

要经常检查池堤及防逃设施,防止蟹逃跑。

防止相残。在蜕皮处于"软蟹"阶段时,易相残。在池中投入隐蔽物,可提高成活率。

要定时测量蟹的生长情况,大约15天测量一次。

要注意天气变化,做好防洪、防台风工作。

6. 收获

三疣梭子蟹的雄蟹养到肌肉肥满达到商品规格,随时可根据市场需求上市。而雌蟹养到卵巢饱满,成熟后上市,价格会更高。因此,梭子蟹的收捕需分类进行,即先适时收捕雄蟹,雌蟹留池继续育肥,再视情况收捕。雄蟹若收捕过早,会使缺配的雌蟹无法红膏。因此,一般掌握在蟹交配高峰期后15~20天内,尽快捕获完雄蟹。雌蟹自交配后再暂养45~60天,即可选择满红膏的上市,若留池至春节出售,应提高水位。

收捕方法:如少量起捕,可在夜间用小捞网捞取;或用蟹笼放饵吊捕;或用灯光诱捕。大批量起捕,在池水即将排干前,梭子蟹会聚集于闸门边水较深处,可用捞网捕获;待池水排干后,查捕潜入沙中的蟹,或用耙子耙沙挖蟹。

(二)三疣梭子蟹的育肥

三疣梭子蟹在9月初到10月中旬开始交尾,交尾后雄蟹生长缓慢且易死亡,应及时捕出出售。雌蟹在交尾后虽然生长停止,但卵巢将继续发育,其性腺指数(即卵巢重与体重比):10月为3%,11月中旬为5%,翌年3月中旬是11%,5月临产达11%~15%。可以看出通过暂养雌蟹的体重和性腺都有增长,此时膏满体肥的活蟹是市场的抢手货,可获得更高经济效益。

三疣梭子蟹的育肥,可在土池进行,也可在大棚和室内进行,蟹种可收购养成的,也可收购海捕的,以全雌蟹为好,池内放养密度为每平方米11 kg,养殖管理同成蟹养殖,不同之处是投饵量应随水温降低而减小,并注意,15℃以下不再投饵,7℃左右就应注意防冻,室外的池塘应保持最高水位保温。

(三) 三疣梭子蟹的越冬

为了翌年提早育苗或做亲蟹出售,需进行三疣梭子蟹的越冬培育。三疣梭子蟹的越冬可采用大棚越冬,也可在室内控温越冬,越冬池可用水泥池铺 10~15 cm 厚的细沙。放养 160~310 g 的雌蟹,放养密度为 13 只/平方米,用静水,充气培养,10~15 天洗沙一次。越冬温度如图 1-15 所示,水温最低为 5℃,低于 10℃的时间是从 12 月下旬到 2 月中旬,约 52 天,此后水温上升到 10℃以上。约 4 月上旬产卵,成活率 97%,产卵率 95%以上。

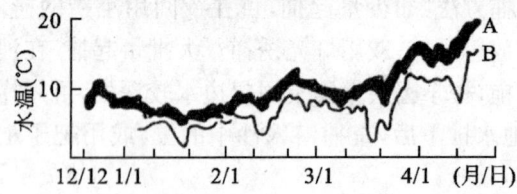

A. 塑料温室内水池中最高、最低水温范围
B. 露天养殖池 9 时的水温
图 1-15　三疣梭子蟹亲蟹越冬养殖期间的水温变化

根据性腺发育积温,从交尾到产卵,以 0℃为基准,所需积温为 2 458℃。若用人工控温,使水温保持在 10℃以上,则产卵期可控制在 3 月下旬。

也可在 2 月中旬收集亲蟹,在 50 天内水温由 8℃上升到 22.5℃,经强化饲养能在 3~4 月产卵。不过这种强化培育因温度变化太快,成活率和产卵率分别为 50%和 25%左右。

二、三疣梭子蟹的其他养殖方法

(一) 笼养

三疣梭子蟹笼养通常适宜于海水流动交换好,水体无污染,水温和盐度变化较小,饵料丰富的滩涂和港湾或对虾塘内。

笼具可根据当地具体情况,因地制宜地加工而成,在山东沿海有些地方是用扇贝笼养殖梭子蟹,而在浙江沿海一带则将捕蟹的蟹笼改造成养殖用的笼具,即把蟹笼进入口堵住,将蟹笼分隔成三段,每只蟹笼养3只梭子蟹。为使笼具能放置于一定的水深区域内,且具有较好的稳定性,笼具需有足够的重量,笼具的设置可单放,也可沿绳放。

笼养时宜选取大规格蟹种放养,一般要求在50 g以上。投饵品种与池塘养殖基本相同。必须及时清除笼具上的污物,对笼具亦应常检查,若发现破损需修补。遇到强台风时,凡在海区内笼养的,可将笼具移至避风港湾内或暂移至虾塘内为宜。

(二)围栏养殖

围栏养殖又称围养,是以网片作为围栏设施,进行三疣梭子蟹的养殖。在对虾塘(一般50～100亩)内可进行围栏养殖,一般用聚乙烯网片或虾板子网围成,围栏高出水面50 cm左右。

围养以放养相同规格的蟹种为宜,可减少相互残杀。一般可按不同规格进行二级放养,一级放养是将规格为4～10 g的幼蟹,经60天左右培育至50 g以上;二级放养是将50 g规格的蟹经3～4个月饲养,达250 g以上规格的商品蟹。放养密度以3～4只/平方米为宜。

在围网养殖中,其饲养管理同成蟹池塘养殖。

浙江省苍南县在养殖梭子蟹的池塘内,用网片围成无底网箱4口,进行不同密度的围栏养蟹试验。每口网箱规格为3 m×3 m,面积9 m^2,分别按2只/平方米、3

只/平方米、4只/平方米、5只/平方米放养。不同密度试验的综合情况见表1-16。

表1-16 不同密度的围养试验综合情况表

网箱号	密度(只/平方米)	放养(9月4日)			起捕(12月13日)			投饵量(kg)	成活率(%)	产量(kg)	产值(元)	赢利(元)
		只数	甲宽(cm)	体重(g)	只数	甲宽(cm)	体重(g)					
1	2	18	9.21	55.85	10	15.95	224.9	22.1	55.6	2.25	225	190.14
2	3	27	9.69	68.89	12	15.98	219.8	35.8	44.4	2.64	264	210.12
3	4	36	9.36	61.38	13	15.36	208.6	49.1	36.1	2.71	271	198.34
4	5	45	9.34	63.92	10	15.20	203.5	56.8	22.2	2.04	204	115.92

(三)水泥池养殖

水泥池养殖成蟹宜采用开放式流水养殖方式。这种方式可利用潮差纳水或用水泵提水,海水沉淀池过滤沉淀后再流入养蟹水泥池内。现有的对虾育苗池,稍作改进亦可进行梭子蟹养殖。

流水养蟹水量要求较大,因此供水需有充分的保证。池水流速应较为稳定,不宜过快或过缓。池水要尽可能交换彻底,因此池形结构要避免死角,确保水流均匀、流畅。池水需保持1.0～1.2 m的水深。寒潮来临之前应适当加深水位,暴雨前亦加高水位,以免池水盐度偏低。

在池内需设置饵料台,饵料投入饵料台上。投饵要及时、充足,以免造成由于投饵不足不及时的相互残杀现象。在蟹摄食时,宜暂停流水,开启增氧机供氧。待蟹摄食结束,即关闭增氧机,恢复流水。对池内的残饵和粪便等有机物需定期吸污,及时排除,以免水质被污染。

第六节　三疣梭子蟹的病害及防治

与其他水产经济动物一样,在三疣梭子蟹的病害及防治中,我们也应坚持"以防为主、防治结合、综合治理"的原则。

一、预防措施

在三疣梭子蟹的养殖过程中应做好以下预防工作。
(1)适时加水、换水,以保持良好水质。
(2)适时适量投喂优质新鲜饵料。
(3)经常巡塘观察蟹子的活动情况,发现异常应立即采取相应措施。
(4)及时清除残饵和池内污物。
(5)在高温期,也就是疾病多发季节,要定期投喂药饵和进行水质消毒。

二、疾病的防治

(一)细菌病

三疣梭子蟹被细菌感染后,常表现两种症状:甲壳和附肢等部位呈凹陷溃烂,如甲壳病;引起局部组织器官感染或转为全身性败血症。在整个生活史中都可能受细菌感染而发病,主要有弧菌病及细菌性甲壳病。

1.弧菌病
(1)症状。病蟹外部症状表现为昏睡、体弱、甲壳变色。鳃水肿,不透明,鳃上皮加厚。步足颤抖和麻痹。解剖症状为血不凝固或凝固很慢,血细胞减少,细菌在血中可以观察到。从病蟹中分离的细菌有弧菌、假单胞菌、噬纤维菌、产黄杆菌等。铃木康二(1980)报道,溶藻性弧菌和假单胞菌是引起梭子蟹溞状幼体大量死亡的细菌,成蟹在细菌感染7~10天后出现较高的死亡率。细菌病在夏季高温季节常出现,死亡率可达50%左右。

(2)防治方法:养成期要降低养殖密度,提高饵料质量和换水率。成蟹每千克饵料配1 g抗菌素投喂7天,同时用1 g/m³水体(有效氯25%~30%)漂白粉全池均匀泼洒。

2. 细菌性甲壳病

(1)症状。症状常见于蟹的腹面。早期腹面出现点状褐色斑点和褐红色凹陷区域。晚期这些斑点形成深层不规则区域,出现侧棘和附肢的坏死,导致侧棘末端与基部蜕离,坏死部位常发生在腹面甲壳表面。从病理切片观察溃斑坏死只是在表层,内部深层坏死未见到。表面角质层、外几丁质层和钙化内角质层都逐渐受腐蚀而消失,但受感染的甲壳内层得到保护。据报道,从病蟹中分离的溶藻性弧菌、鳗弧菌和副溶血弧菌,在受到损伤的蟹的甲壳上,两个星期出现溃烂,而在未损伤的蟹体上感染却没有效果。细菌性甲壳病在晚秋、冬季比夏季盛行,死亡率为10%~85%,成蟹发病率较幼蟹高,养殖时间越长,发病率越高。

(2)防治方法:加强养殖管理,避免机械性损伤,发现病蟹及时清除,以防疾病蔓延。投喂高质量饵料,缩短养殖周期,控制养殖水环境。以每立方米水体20 mL福尔马林全池泼洒一天后换水,连续数次。同时连续投喂抗菌素药饵3~5天。对病蟹可用每立方米水体10 mL喹啉酸浸洗处理。

(二)附着生物敌害

三疣梭子蟹的幼体和成体都是生活在海水中的,常会受到附着性生物敌害的附着或寄生,进而影响到蟹的生长和发育,甚至造成死亡。对三疣梭子蟹来说,附着性生物敌害主要有固着类纤毛虫。

固着类纤毛虫,在种类上主要有聚缩虫、单缩虫和累枝虫等。成蟹在水质环境适合于纤毛虫类滋生繁殖条件下,肉眼可见蟹体上纤毛虫附着满身(尤其是步足和泳肢、尾扇部、背部)呈白色棉絮状。被附着的蟹体因无法摄食,影响呼吸而衰弱及蜕壳困难而死亡。

防治方法:要让育苗池水保持活化,养殖密度不宜过大。饵料生物往往是纤毛虫类的携带者,应做好丰年虫的消毒及卵壳分离工作。避免附着性寄生虫病害的影响,在水温23℃～25℃,用新洁尔灭药浴可杀大部分蟹体上的聚缩虫,或用20 mL/m^{3}水体的福尔马林全池泼洒,一天后换水。

(三)环境变化引起的疾病

三疣梭子蟹养殖的水环境,因发生突然变化或水中缺乏蜕壳必需的物质,也会引起疾病。

1. 蜕壳不遂症

蜕壳不遂症的原因可能与缺氧及水中缺乏蜕壳必需的物质有关。

2. 水肿病

水肿病是由于大雨使池水盐度突降,致使蟹渗透压等生理机理不能适应等因索引起。

另外,自Vago(1996)报道蟹病毒病以来,已陆续发现10余种病毒与蟹疾病有关,主要有呼肠弧病毒样病毒(RLV)、疱疹病毒(HLV)、S病毒、造血组织病毒

(CHV)、切萨皮克湾病毒(RNA)、细小样病毒(PC84)、虹彩样病毒(ILV)等。一般表现为厌食、活力减弱、迟钝、虚弱等症状,最终导致蟹死亡。其病理特征为受病毒感染的血细胞异常凝固,血细胞数量减少和坏死以及神经系统广泛损伤等。有些病毒尽管发现对细胞有病变效应,但不能确定其病理作用。因此目前防治蟹类病毒尚无效方法。如发现蟹病毒时,应将池中病蟹及时处理掉,并用1‰来苏儿消毒24小时后,彻底洗刷干净,才能继续放养。

第七节 三疣梭子蟹的活运技术

三疣梭子蟹以活蟹价格最高,沿海一带可做短途活运,但要活蟹出口或供应内地,则需严格操作。

一、运输蟹的选择和暂养

选择体重150 g以上,肢体完整,身体饱满,无寄生生物的健康蟹子。选蟹场地应湿润,不可日晒。选好的蟹子按规格大小分养在池深60 cm、铺沙10 cm厚的小水泥池内,加水25 cm深最好,其他操作方便的池子也可以。水温15℃～20℃,1～2天内不投喂,以便蟹子将粪便排出,同时剔去不潜沙的弱蟹,待晚上蟹子活动时再做一次挑选。

二、装筐、麻醉

将挑选好的蟹子装筐,装筐后及时麻醉。采用冷却麻醉法,预先在水槽内配好清洁冰水。然后将筐里的蟹

浸入冰水中进行麻醉。若水温较高,应采取分级降温,最后让蟹在7℃～8℃的水体内处理1～2分钟。经降温处理后的蟹子处于半冬眠状态。

三、称量、按规格分级

麻醉后的活蟹,根据规格要求进行称量分级,同时剔除不合格的死蟹(活蟹蟹脚紧缩不下垂,蟹脚下垂的为死蟹)、次蟹、断脚蟹等,每次称大小一致的蟹4 kg,含水量掌握在2%,规格分为四级:LL级,每4 kg为11只以内;L级,每4 kg为12～15只;M级,每4 kg为16～20只;S级,每4 kg为21～24只。

四、装箱及运输

麻醉且分好级的蟹子可随时装箱起运,这应根据航班做灵活掌握。

装箱用清洁、干燥、无杂质的木屑(以白杨木屑最佳,颗粒以电锯锯出的粗细为好)。将麻醉后的活蟹包裹于纸板箱或塑料泡沫箱内。装箱时,先在箱底铺一层木屑,然后将蟹背朝上,蟹口斜向上大约成45°角,整齐地放一层蟹,上面铺一层木屑,再放一层蟹,每箱一般三层木屑二层蟹,"S"级则可四层木屑三层蟹,层间空隙特别是上层的封面要垫足木屑,以防蟹体移动,影响存活率。木屑的用量一般为蟹重的1/4,最后用胶带封口。

包装好的活蟹要及时出运,力求缩短运输时间,36小时内运抵目的地上市。活蟹在贮运过程中箱内温度保持在3℃～7℃。

第二章 锯缘青蟹健康养殖技术

锯缘青蟹 Scylla serrata (Forskal),简称青蟹,俗称红蟳,是一种价值较高的食用蟹,具有生长快,适应性强等特点,属梭子蟹科的大型种,最大个体可达 2 kg。肉味鲜美、营养价值高,是传统的名贵海产品。据分析,锯缘青蟹每 100 g 可食部分含蛋白质 15.5 g,脂肪 2.9 g,碳水化合物 8.5 g,钙 380 mg,磷 340 mg,铁 10.5 mg,还含有核黄素、硫胺素、尼克酸等多种维生素。尤其是性腺成熟的雌蟹(俗称膏蟹),有海上人参之誉,是产妇和身体虚弱者的高级补品。除食用之外,锯缘青蟹还可入药,治疗多种疾病。由蟹壳制成的甲壳素,还是一种用途很广的工业原料。因此,锯缘青蟹颇受国内外广大消费者的欢迎。

锯缘青蟹作为海洋渔业的捕捞对象已有相当长的历史,但近年由于捕捞过度,资源量有不断下降的趋势。因此,国内外许多地方已开始人工养殖和全人工育苗的研究,并取得了良好的效果。

国外关于锯缘青蟹的研究始于20世纪40年代,菲律宾的Arriola(1940)、马来西亚的Ong(1946,1966)、印度的Raja Bai Naidu(1955)对锯缘青蟹的生活史进行了研究,南非的Duplessis(1971)对锯缘青蟹的形态特征、食性、生长、繁殖及幼体培养进行了研究,美国的Brick(1947)和澳大利亚的Heasman等(1982)进行了幼体培养研究,菲律宾的Escritor(1970)、泰国的Varikul(1970)进行了池塘试验。东南亚一带的锯缘青蟹养殖方式主要有池塘养殖、网箱养殖等。

我国锯缘青蟹的养殖已有100多年的历史。早在1890年,广东省东莞市虎门就开始锯缘青蟹育肥蓄养,20世纪20年代在那里锯缘青蟹养殖曾一度颇为兴盛。20世纪60～70年代,锯缘青蟹养殖在我国的东南沿海,尤其是广东沿海有了较大的发展,养殖面积达100亩。进入20世纪80年代后,随着人工育苗及养殖技术的推广,我国的锯缘青蟹养殖业像雨后春笋,蓬勃发展,尤其是广东、广西、福建、浙江等沿海,锯缘青蟹养殖热潮一浪高过一浪,养殖面积迅速扩大,经济效益不断提高,故锯缘青蟹已成为我国海水养殖业的重要品种之一。

第一节　锯缘青蟹的分类地位及地理分布

锯缘青蟹隶属节肢动物门Arthrbpoda甲壳纲Crustacea十足目Decapoda梭子蟹科Portunidae锯缘青蟹属 *Scylla*。

锯缘青蟹属暖水广盐性种类。主要分布于温带、亚热带和热带的浅海区内,尤其是在有机质丰富、潮流缓慢的江河入海处和浅海内湾更适宜其生长。在日本、越南、新加坡、马来西亚、泰国、菲律宾、印度尼西亚、澳大利亚、新西兰、美国等海域均有分布。我国的广东、广西、海南、福建、浙江、江苏、台湾等省市的沿海亦有分布，尤以广东、福建、浙江三省为多。

第二节 锯缘青蟹的生物学特性

一、外部形态特征

锯缘青蟹从外形来看，可分为头胸部、腹部和附肢（图2-1）。

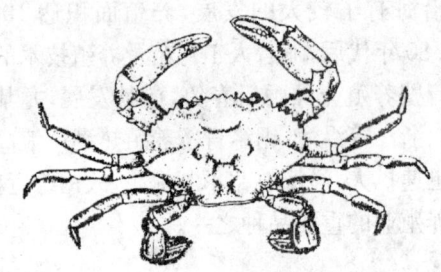

图2-1 锯缘青蟹外形

1. 头胸部

锯缘青蟹的头胸部完全愈合，背腹两面都盖有甲壳。在背面的称背甲（图2-2），呈青绿色，扁椭圆形，有保护躯体内部柔软组织的作用。腹面的称腹甲或胸板（图2-3）。

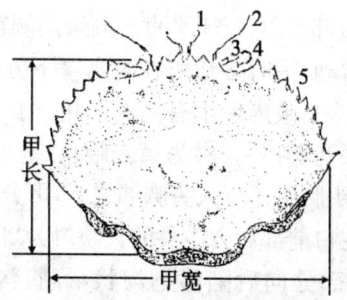

1. 第一触角；2. 第二触角；3. 眼窝下缘齿；4. 复眼；
5. 前侧缘侧齿

图 2-2　锯缘青蟹的头胸甲

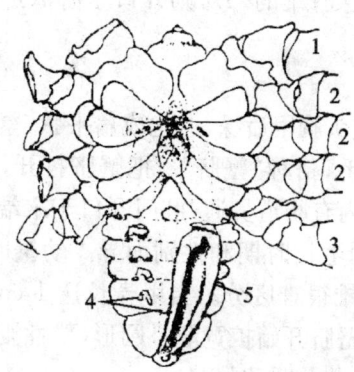

1. 鳌足；2. 步足；3. 游泳足；4. 腹部附肢；5. 刚毛；6. 生殖孔

图 2-3　锯缘青蟹(雌)腹甲及腹部附肢

　　头胸甲呈扇形，稍隆起且表面光滑，长度为宽度的2/3，中央有明显的"H"型凹痕，形成若干与内脏位置相对应的区，可分为胃区、心区、肠区、肝区和鳃区等。头胸甲边缘分为额缘、眼窝缘、前侧缘、后侧缘和后缘。额缘有三角形额齿4枚；眼窝缘各具有前齿1枚；前侧缘各有侧齿9枚，其形状似锯齿，故名为"锯缘青蟹"；后侧缘斜向内侧;后缘与腹部交界,近于平直。额缘两侧有一对带柄的复眼,能左右转动,平时多横卧在眼窝缘下方的眼窝里,受惊时则竖立起来。眼内侧生有两对触角,内一对为第一触角,基部藏有平衡器;外一对为第二触角,基部藏有排泄器(即触角腺)。头胸甲还折入头胸部之下,可分为下肝区、颊区、口前部。在口前部后方中央的大缺口为口腔。

腹甲中央部分向后陷落呈沟状,称腹沟。胸部腹甲原为 3 节,虽前 3 节已愈合为一,但节痕尚可辨认。后 4 节在腹沟处也已愈合,但其两侧的隔膜仍可分辨。生殖孔开口于胸板上,雌雄位置有异,雌的一对开口于第三对步足基部胸板处;雄的一对则开口于游泳足基部相对应的胸板处。

2. 腹部

腹部连接头胸甲后缘,退化成扁平状,紧贴于胸板下方,四周有绒毛,俗称"蟹脐"。把蟹脐打开,可见中线有一纵行凸起,内有肠道贯通,肛门开口于末端。蟹脐的形状随蟹的不同生长时期和性别而异。幼蟹时期,雌雄均呈狭长形,雌雄很难区分。当甲壳长达 1 cm、宽 1.5 cm 以上时,雌性蟹脐开始扩宽渐呈圆形,雄性则仍为狭长三角形。腹部 7 节分明(图 2-4)。

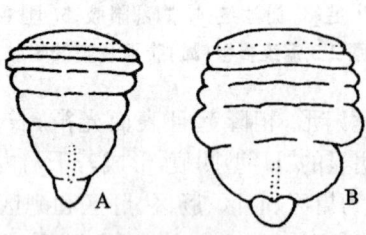

A. 雄蟹　B. 雌蟹

图 2-4　锯缘青蟹腹脐

3. 附肢

头部附肢共 5 对,分为第一触角、第二触角、大颚、第一小颚和第二小颚。

胸部附肢 8 对,前 3 对为颚足,后 5 对为胸足。口腔上缘的口器从里往外依次由大颚、第一小颚、第二小颚和第一颚足、第二颚足、第三颚足等 6 对双肢形附肢组成。大颚的内肢发达,成臼状,适于咬碎坚硬的食物。小颚成薄片状,能搬送食物。

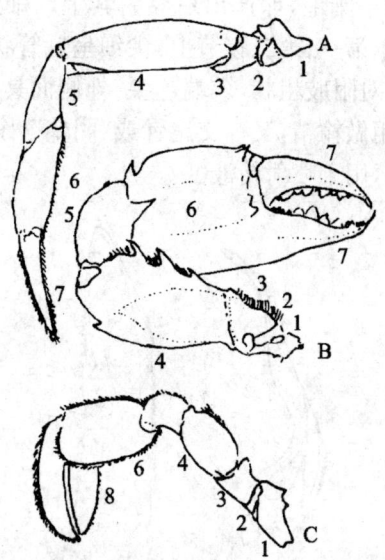

A. 步足　B. 螯足　C. 游泳足
1. 底节;2. 基节;3. 座节;4. 长节;
5. 腕节;6. 掌节;7. 指节;8. 不动指
图 2-5　锯缘青蟹的胸足

第一颚足有挠片,能击动水流,以保持鳃内的水流动,帮助呼吸;第三颚足的形状构造则是分类上的主要特征之一。5对胸部附肢,每肢从身体向末端依次由底节、基节、座节、长节、腕节、掌节(也称前节)和指节等7节所组成。第一对附肢呈钳状,称螯足,粗壮坚硬而强大,用于摄食和防敌。第二至第四对附肢呈尖爪形,较细长,用于步行,故称步足。第五对附肢呈浆状,适于游泳,又称游泳足。见图2-5。

腹部附肢的数目与形状因性别而异。雌性腹部附肢四对,生于第二至第五腹节上,逐渐变小,为双肢型,边缘生有柔软的细刚毛,卵产出后黏附其上。雄蟹腹部附肢两对,着生于第一、第二腹节上,尖细呈针管状,为雄性交接器。第一对附肢粗壮,末端趋尖,外侧面具许多细小的刺,交配时用做输精,又称交尾针或"阴茎"(图2-6);第二对附肢细小,用于喷射精液。

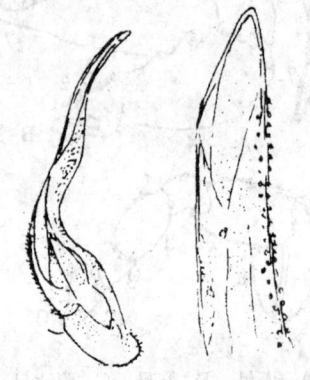

图2-6 锯缘青蟹雄性生殖器(左)及其末端放大(右)

二、内部构造特征

打开锯缘青蟹的背甲,其内部器官组织便呈现出来(图2-7)。现将锯缘青蟹内部系统构造及其作用分述如下。

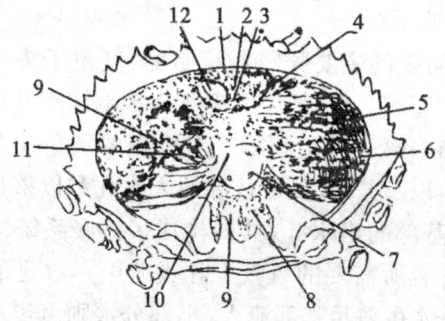

1. 胃前肌;2. 胃;3. 胃磨的上齿;4. 胃磨的侧齿;5. 前大动脉;6. 鳃,左侧示其位置;7. 心脏;8. 后大动脉;9. 卵巢;10. 心孔;11. 肝脏;12. 触角腺(排泄器)的囊状部

图 2-7　锯缘青蟹的内部构造

1. 消化系统

锯缘青蟹的消化系统可分消化管和消化腺两部分。

消化管包括口、食道、胃、中肠、后肠和肛门。食道和胃又统称前肠。口在身体腹面大颚之间,有一片上唇和两片下唇;食道短小,与胃相连。胃在身体背面,分贲门胃和幽门胃两部分。前者为一大囊状物,有贮藏和磨碎食物的功能;后者的胃腔很小。咀嚼食物时,借肌肉的收缩使胃齿摆动,把食物磨碎。磨碎的食物经过滤后,易消化的物质被送到中肠和后肠,不能消化的坚硬颗粒或碎壳则由口喷出体外。中肠较细,前后各有细长的盲管长出。肠壁有吸收营养物质的功能,未经吸收的物质和残渣,则经极短的后肠(直肠),由肛门排出体外。

消化腺为肝胰脏,由许多盲小管组成,分为两瓣,各呈三叶状,位于幽门胃和中肠的连接处。其导管开口于幽门胃和中肠的连接处。消化腺能分泌各种消化酶,在胃内协同胃的机械作用把食物消化成糊状。

2. 呼吸系统

锯缘青蟹的主要呼吸器官是鳃,其位于头胸部两侧的鳃腔内,每侧 8 片,每片由鳃及许多羽状鳃叶构成。除鳃外,口器中第一颚足和第二对小颚的颚角片在鳃腔里不断划动,以及螯足、步足基部的入水孔和以螯足为主和第二触角基部的出水孔,共同构成了呼吸系统的水流循环,提供呼吸所需要的氧气。呼吸时第一颚足的外肢鼓动,大部分水由螯足基部流入,小部分水则由步足基部流入,水经过鳃腔上的微血管,使水中的氧气渗到血液中,而血液中的二氧化碳则渗于水中流出。

3. 排泄系统

锯缘青蟹幼蟹期有两对肾脏,即颚腺(又称壳腺)和触角腺(又称绿腺),两者均有排泄功能。

锯缘青蟹成蟹期,只靠 1 对触角腺完成排泄功能。触角腺位于头胸部前方食道的前面。为左右两个卵形绿色的肌肉质贮藏囊,下接一条弯曲盘旋管,管中间为海绵组织,呈白色,以上称腺体部。下接一囊状膀胱,开口于第二触角内侧基节的乳头突,废物即从此处排出体外。除排泄功能外,触角腺还有调节适应海水比重,使体内外渗透压保持平衡的功能。此外,中肠盲管也有排泄功能。

4. 循环系统

锯缘青蟹的循环系统由一肌肉质的心脏、数条血管和许多血窦组成。心脏位于后肠盲囊上方、头胸部背面中的围心窦内,有 3 对心孔,每孔都有心瓣控制,以防血液逆流。由心脏发出的动脉共 7 条,其中 5 条向前,分别为上眼动脉 1 支、左右触角动脉各 1 支和肝动脉 1 对。两条向后,分别为腹动脉和胸动脉。

锯缘青蟹的血液是无色透明的胶状液体,内含变形

细胞或称白血球,但因血中含有血青素(是一种含铜的蛋白质,容易与氧结合,也容易释放氧,氧化时呈青绿色,还原时呈白色),一遇空气即可变为蓝灰色。此种色素与血红素功用相似,有传送气体的作用。体内的血液,一部分在血管中,另一部分在血窦中进行循环。心脏收缩时,心瓣关闭,血液由心脏流入各动脉,至躯体各部分并分成微血管,并开口于各血窦。由各血窦经静脉汇合而入胸窦。在胸部分出血管由入鳃血管至鳃,进行呼吸后,再由出鳃管折回围心窦,并通过心瓣控制,使入窦的血液由心孔全入心脏。如此周而复始,循环不息。锯缘青蟹的循环属开管式。

5. 生殖系统

雄性生殖器官由精巢与输精管组成。精巢1对,位于消化腺后方,两叶的中间部分融合,精巢下方各有一长而盘曲的输精管,每条输精管与精巢之间有1个由大量盲管组成的副性腺,输精管末端则开口于第五对步足基部的交接器。

雌性生殖器官由卵巢和输卵管两部分组成。卵巢位置与精巢相同。卵巢两叶,左右分开,中央部分相连,呈"H"形。未成熟的卵巢较小,近于白色,随着成熟度的增加,颜色逐渐变橙色、浅橙红直至鲜艳的橙红色,俗称蟹黄,成熟的雌蟹,蟹黄充满头胸部的背侧。各叶卵巢都有一很短的输卵管,末梢各附1个纳精囊,开口于生殖孔。

6. 神经系统

锯缘青蟹的神经系统是由两对神经节、若干神经和神经联索组成。一对神经节位于头部(亦称脑),向前和两侧发出4对神经,依次为第一触角神经、眼神经、皮肤神经和第二触角神经。向后通过一对围咽神经,从食道两侧发出1对交感神经通向内脏器官及口器,紧贴食道的后侧,1条细小的横联神经将左右两条围咽神经连接而形成一个围咽神经环,有神经分布大小颚及 3 对颚足。另一神经节位于腹甲中央,称胸神经节,扁球形,有一孔,胸动脉由此孔穿过。从胸神经节向两侧发出较粗的 5 对神经,依次分别分布到 1 对螯足、3 对步足和 1 对游泳足。腹部无神经节,只有由胸神经节发出的一条神经索并分成许多分枝,散布到腹部各处。

7. 感觉器官

锯缘青蟹的感觉器官主要为触角和眼睛。它们分别起视觉器、平衡器、嗅觉器和触觉器的作用。

(1)复眼:复眼 1 对,眼下生柄。复眼构造复杂,由数千个视觉单位的小眼或单眼组成。外附角膜,中心为视网膜,视神经分布其上,具有可辨别物体的大小、颜色、活动状态与光线等功能。

(2)平衡器:位于第一触角的基部,由 1 对窝状囊组成,与外界不相通。内有司感觉的绒毛,也是主要的感觉器官。其上部附有石灰质的颗粒,可起平衡的作用。

(3)嗅觉器:第一对触角小节上,生着许多专司嗅觉的感觉毛,借此常在夜间出穴觅食,辨别食物的好坏。

(4)触觉器:锯缘青蟹躯体外缘和附肢上的刚毛,具有触觉的功用。此类刚毛系表皮细胞向外突出而成,基部有神经末梢分布,所以触觉敏锐。

第三节 锯缘青蟹的生态习性

一、生活习性

(一)栖息与运动

锯缘青蟹喜欢生活于潮间带的泥滩或泥沙的海滩,

也栖息于红树林、沼泽地。多夜间活动,白天穴居于泥土穴或岩缝内,其洞穴的大小与个体大小相适应,深浅则随季节、潮区、滩涂堤岸基质的软硬度以及个体大小、强弱而异。一般情况下,洞穴冬深、夏浅。从季节活动来看,夏季活动多,冬季活动少。盛夏时往往成群在干潮时竖起步足,使头胸离开滩面而露空乘凉。天气较冷时多伏于淤泥土中仅露两眼。游泳全凭游泳足,步行靠3对步足。受惊时步足和游泳足并用,竭力逃跑。锯缘青蟹的运动方向都是横行的,原因是其头胸甲的宽度大于甲长,同时步足关节向下弯曲的缘故。

(二)对水质环境的适应与要求

1. 温度

锯缘青蟹为一广温水生动物,生命温度极限为低温7℃,高温37℃,超过或低于此限,不能生存,生长适温范围为15℃~31.5℃。最适生长温度为18℃~25℃,此时锯缘青蟹活动力强,食欲旺盛,摄食量明显增大(表2-1)。而随着水温的下降,锯缘青蟹活动和摄食量减小,水温低于18℃时,锯缘青蟹活动时间缩短,摄食量减少。15℃以下时,生长明显减慢。水温降到12℃时,只在晚上作短暂活动,并开始掘洞穴居。10℃时,锯缘青蟹行动迟钝。7℃时完全停止摄食及活动,身体藏于泥沙或软泥中,进入休眠或穴居状态,以渡过寒冬季节。如果水温再降低,则会引起死亡。在夏天高温季节,若水温高至35℃时,锯缘青蟹就出现明显的不适状态,干潮时,处于潮间带小水洼里的锯缘青蟹则会将步足直立,撑起身体乘凉,使腹部不与泥土接触或爬上滩涂。在养殖池内,可以看到很多锯缘青蟹爬到隔网上去避暑。水温升至37℃以上时,锯缘青蟹不摄食。若升至39℃,锯缘青蟹背甲出现灰红斑点,身体逐渐虚弱死亡(表2-2)。

表2-1 锯缘青蟹不同水温范围的摄食量

月份	水温范围(℃)	每只每天平均摄食量(g)
8	35~37	17.5
9	27~30	18.1
10	18~25	24.7
11	15~17	14.8

表2-2 锯缘青蟹的生存与水温的关系

适应水温(℃)	14~32	生长与活动正常
最适水温(℃)	18~29	活动性强,生长快
非适应水温(℃)	8~10	停止摄食,进入冬眠
	5~6	休眠状态
	34~35	躲匿阴暗角落
	38~39	背壳出现红斑,逐渐死亡

2. 盐度

锯缘青蟹虽栖息于低盐度的浅海,但对盐度的适应范围较广,渐变盐度,其适应范围可达2.6~55(表2-4)。适宜盐度为5~33.2,最适盐度为13.7~26.9。盐度低于5或高于33.2时,锯缘青蟹常会生长不良。雨季盐度降至5以下时,沿岸的蟹常打洞居住,以渡过不良的环境。若锯缘青蟹较长时间生活在低盐环境,使血液的渗透压失去平衡,造成腹部膨胀,6~8天后便会死亡。因此,锯缘青蟹在每年的6~7月雨水过多时,死亡率很高。而在盐度渐变的不良环境里,锯缘青蟹有迁移逃逸的能力。试验证明,锯缘青蟹对海水盐度的突变难以适应,甚至盐度的突变常会引起"红芒"和"白芒"两种疾病(表2-3、

表2-4、表2-5)。

表2-3　比重对锯缘青蟹生存的影响

适应比重	1.008～1.025	活动正常
最适比重	1.010～1.021	活动正常,生长快
非适应比重范围的生存状态	1.005以下	腹部肿大,6～8天即死亡
	比重突然大幅度变化	出现红芒和白芒病
	比重逐渐上升或下降至不适应情况下	逃匿或挖穴深居

表2-4　锯缘青蟹对盐度渐变的适应情况(水温24℃～26℃)

盐度变化	渐降					27.5	渐升						
	5	10	15	20	25		30	35	40	45	50	55	60
锯缘青蟹只数	4	5	5	5	5	5	5	5	4	4	3	2
试验天数	30	25	20	15	10	5	10	15	20	25	30	35	40
存活只数	2	4	5	5	5	5	5	5	4	4	3	2	0

表2-5　锯缘青蟹对盐度突变的试验(水温24℃～26℃)

盐度变化	从27.5突变				
	5	10	40	50	60
锯缘青蟹只数	3	3	3	3	3
试验天数	7	16	7	3	1
存活只数	1	2	0	0	0

同时还应注意,由于各海区的锯缘青蟹所处的海水盐度不同,因而形成的适应能力亦有些差异(表2-6)。例如上海金汇港常年盐度在5.9～8.0之间,锯缘青蟹仍能很好地生长、发育、成熟和交配,但不能产卵、繁殖。珠海

等珠江三角洲地区,近几年来利用原有的淡水鱼塘、罗氏沼虾养殖池及在甘蔗种植地新开挖的池塘,养殖池水的盐度有些在0.5～2.0,甚至盐度计测不出,进行大规模锯缘青蟹的养殖,同样取得了成功。不管在哪种水环境下养殖,都切忌盐度差突变过大。

表2-6 不同地区锯缘青蟹对海水盐度的适应范围

地区	适应范围		最适范围		资料来源	备注
	比重	盐度	比重	盐度		
上海	1.003～1.024	2.6～32.0	1.0045～1.0065	5.9～8.0	赖庆生等(1986)	盐度5.9～8.0可正常养殖
温州	1.005～1.025		1.010～1.012		温州水产所(1980)	
福建	1.008～1.025	10～33	1.010～1.021		翁敬木等(1987)	
广西	1.006～1.020		1.010～1.015		张万隆(1994)	
台湾		5～55		10～30	林世荣(1985)	
广东	1.005～1.025		1.010～1.020	12.8～26.2	广东养殖公司(1982)	
浙江	1.008～1.025		1.010～1.021		冯兴钱等(1990)	
台湾		7～40		15～30	李龙雄(1981)	
广西		5～32		12～16	梁广耀(1988)	
广东		5.0～33.2	1.008～1.018	13.7～26.9	张绍敏(1964)吴琴瑟(1992)	1.002～1.004可正常养殖

3.溶解氧

锯缘青蟹虽穴居生活,但对水中溶解氧仍有一定要求。当水中溶解氧大于2 mg/L时,锯缘青蟹摄食量大,生长和活动正常,而溶解氧小于 1 mg/L 时,锯缘青蟹则不摄食,反应迟钝,出现浮头,甚至死亡。蜕壳时需氧更多,否则会不能顺利蜕壳而死亡。

4. pH

pH 表示水的酸碱度,是反应水质状态的一个综合性指标。pH 的变化受水中二氧化碳、碱度、溶解氧、溶解无机盐类和有机物含量等的影响而有所波动。如:水中游离二氧化碳含量减少,而含氧量提高,pH 就会上升;反之,游离二氧化碳含量增加,或游离二氧化碳含量不变但碳酸氢盐所形成有机酸含量多,水呈酸性反应,pH 就下降。锯缘青蟹对 pH 的适应范围在 7.5～8.9 之间,并以 7.8～8.4 为适宜。

二、食性与摄食

锯缘青蟹是一种以肉食性为主的甲壳动物,在天然环境中常以牡蛎、蛤类、缢蛏、泥蚶等贝类和鱼、虾、蟹等为食,也兼食动物尸体及少量藻类。人工饲养条件下喜食小贝类及小的杂鱼虾类。据徐君义(1985)报道,浙江乐清湾锯缘青蟹头胸甲长 28～87 mm,锯缘青蟹 67 只,胃含物种类出现频率见表 2-7。

表 2-7 67 只锯缘青蟹的食物种类出现频率

项目＼种类	双壳类	螺类	方蟹类	其他甲壳类	不知种类残体
各种食物出现频率(%)	33	25	7	41	5
占解剖总只数(%)	49.25	37	10.45	61.19	7.46

锯缘青蟹昼伏夜出,多在夜间觅食。锯缘青蟹感觉器官灵敏,能有选择地寻找食物。在摄食时,除用眼睛

外,在第一触角上生有一种具嗅觉的感觉毛,对觅食亦起很大作用。当找到食物后,即用一双螯足把食物牢牢地钳住,假如是坚硬的贝类,则用螯足将其钳碎后夹取食物送至口边,继而用第一对步足的末端捧着食物,送交给第三颚足,再由第三颚足依次传递给第二颚足、第一颚足,最后搬送给大颚,由大颚将食物切断磨碎,然后,食物经过很短的食道而进入胃部,这就是锯缘青蟹吃食物的全过程。

三、自切与再生

在天然环境中,当锯缘青蟹受到强烈刺激或机械损伤,或在蜕壳过程中胸足蜕壳受阻,蜕不出时,为逃避敌害,常会发生丢弃胸足的自切现象。这种自切现象,是锯缘青蟹为适应自然环境而长期形成的一种保护性的本能。自切有固定的部位,折断点总是在附肢基节与座节之间的关节处。此处构造特殊,即可防止流血又可以从这里再生新足。若人为地在任何一只步足的长节或腕节处,将该足迅速剪断,立即会看到剩余的残肢激烈抽搐抖动,继而不断上跷,而使其自行断落,或将身体高撑起来,借自身的重量将残肢自附肢基节与座节之间的关节处压断,或用另一侧螯足将残肢钳弃。

锯缘青蟹断掉一、二只附肢后,对其运动、摄食、御敌等有所影响,但并不至于危及它的生命。数天后,在断肢处会长出一个半球形的疣状物,继而延长呈棒状,并迂回弯曲。在基节上新生出座、长、腕、掌和指等5节。这5节形成两个弯折处;一个弯折是长、腕两节之间;另一个弯折是掌、指两节之间的关节;状如"回形针"。各节均由一层皮膜包被。由于皮膜的粘贴,腕、掌两节与长节贴在

一起,而指节折向内面,并与长、腕及掌节粘贴在一起。当这层皮膜蜕去后,各节就能伸展开来。这一过程需经二、三次蜕壳才能完成。锯缘青蟹新生的附肢亦具有齿、突、刺等构造,整个形体虽比原来的肢体细小,但同样具有取食、运动和防御的功能。附肢的再生,仅在个体性未成熟阶段的生长期内存在。待生殖蜕壳后,随着蜕壳的终止,不会再生新足。

四、蜕壳与生长

锯缘青蟹的一生要经历许多次蜕皮或蜕壳。幼体阶段由于其外骨骼薄而软,称之为蜕皮;经几次蜕皮发育后,外骨骼逐渐变硬称之为蜕壳。锯缘青蟹的生长与变态发育总伴随着幼体的蜕皮和成体的蜕壳进行。锯缘青蟹体躯的增大和形态的改变以及断肢的再生,都要经过蜕壳才能完成,同时锯缘青蟹的蜕壳还可去除体表上的附着物和某些病变。因此,蜕壳不仅是锯缘青蟹发育变态的一个标志,也是个体生长的一个必要阶段。在锯缘青蟹的一生中,蜕壳贯穿于整个生命活动之中,对其生命发展起着重要作用。

(一)蜕壳(皮)的次数

锯缘青蟹一生要经过13次蜕壳(皮),大致可分为幼体蜕皮6次,生长蜕壳6次和生殖蜕壳1次。

(二)蜕壳的过程及体征的变化

锯缘青蟹蜕壳多在清晨或夜间进行,蜕壳时常选择较安静且隐蔽的场所(如洞穴等)进行。

蜕皮或蜕壳,即是身体外部的形态变化,又是内部错综复杂的生理活动。当蟹体蜕壳时,先是体腔内分泌许多起润滑作用的黏液,然后是软甲与旧甲分离。蜕壳前由头胸甲后缘与腹部交界处出现裂缝,在口部两侧的侧板线处以及一对螯足长节的内侧面亦出现裂缝。旧壳中的无机盐类及有机物质被重新吸收,使旧壳变软、变薄,尤其是某些部位变得很薄容易裂开。蜕壳前一天停止摄食,寻找适宜的隐蔽场所,准备蜕壳。蜕壳时身体肌肉不断地收缩,腹部向后退缩,肢体不断摆动并向中央收缩。首先是游泳足先蜕出,继而腹部及步足按由后至前的顺序蜕出,最后是螯足蜕出旧壳(图2-8)。

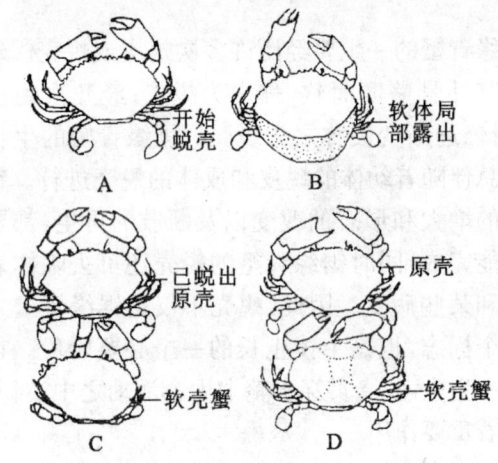

A. 蜕壳初期;B. 头胸部的后半部已露出在旧壳外;
C. 身体大部分蜕出旧壳;D. 蜕壳完成

图 2-8 锯缘青蟹蜕壳的顺序

锯缘青蟹在蜕去旧壳的同时,它的内部器官如胃、鳃、肠等也都一一蜕去几丁质的旧皮,甚至胃磨中的齿板也要更新,其中鳃的蜕皮是伴随胸足的蜕壳而进行的。鳃的旧皮蜕出后,新体头胸甲再封闭鳃腔。此外,蟹体上的刚毛均随旧壳一起蜕去,新刚毛由新体长出,与旧刚毛无关。

锯缘青蟹脱壳后,肢体下垂,软弱无力,躯体十分柔软,俗称"软壳蟹",横卧在水底不能行动。待2～3小时后才开始恢复正常状态,6～7小时后甲壳逐渐变硬,3～4天则完全硬化。

(三)蜕壳的影响因素

1. 温度

锯缘青蟹在水温15℃以下时不蜕壳,当水温18℃以上时,开始蜕壳,25℃左右为蜕壳盛期。

2. 溶解氧

锯缘青蟹蜕壳时呼吸非常急促,需要比平常多好几倍的氧气。在水流畅通的地方,水中溶解氧较高(3 mg/L以上),水温25℃左右时,每次蜕壳时间需10～15分钟。若溶解氧量降低到1.67 mL/L或碰到其他生物惊扰,或不久前受过伤等,蜕壳时间就会延长到45分钟,或1～2小时,甚至会因蜕壳不遂而死亡。死亡的主要原因是由于氧气不足,蜕壳时间过久,导致体内能量耗尽而无力摆脱旧壳所致。

3. 其他因素

蜕壳的快慢与身体的大小有密切关系。如蟹体小则蜕皮时间短,蟹体大则蜕皮时间长。除此之外,蜕壳还与体质、饵料种类、质量、数量和饲养技术及生态条件有关。

(四)生长

锯缘青蟹依靠蜕壳而得以生长。它一生共蜕壳13次,在发育初期,平均每4天蜕皮(壳)一次,两个月后每隔一个月才蜕壳一次。每次蜕壳头胸甲可增长0.4～2.5 cm;体重增加25%～65%。刚蜕壳的蟹体很柔软,吸收大量水分后个体增大。如蜕壳前甲壳宽8.8 cm,甲壳长

6.6 cm,蜕壳后分别增大到 11.3 cm 和 7.8 cm。增宽率达 28.4%,增长率 30.0%。体重由 156 g 增加到 219.5 g,增重率为 41%。现综合各地资料,取其生物学最小型,将锯缘青蟹的生长情况列为表 2-8。

表 2-8　锯缘青蟹的生长(生物学最小型)

蜕壳龄	水温(℃)	所需时间(d)	体长(mm)	头胸甲长(mm)	头胸甲宽(mm)
Z_1	25.7~26.6	4~5	1.04~1.14		
Z_2	27.3~27.5	2~3	1.41~1.65		
Z_3	27.3~27.6	3~4	1.90		
Z_4	27.6~28.5	3~4	2.49		
Z_5	28.0~28.5	3~4	3.32		
M	26.9~29.2	6~7	3.55(全长)		
C_1	28.2~31.5	4		2.8	3.6
C_2	28.5~31.0	4		3.3	5.1
C_3	27.0~29.0	4		4.7	7.1
C_4	27.0~29.0	5		6.3	9.3
C_5	27.0~30.1	8		7.9	12.5
C_6	26.8~30.0	9		11.0	17.5
C_7	27.0~30.0	12		15.0	23.0
C_8	27.0~28.0	12		18.5	30.0
C_9	21.0~28.0	32		26.0	38.5
C_{10}	18.0~26.2	33		30.0	44.0
C_{11}	22.0~28.0	30		35.5	76.5
C_{12}	22.0~28.0	30		46.0	95.6
C_{13}	22.0~28.0	30		61.0	127.0

锯缘青蟹在人工养殖中生长速度很快,赖庆生(1990)报道,在上海市郊平均体重65.5 g的天然蟹苗,经85天养殖,平均体重247.8 g。台湾放养壳宽1.5～3.0 cm,体重60 g左右的苗,6～7个月后壳宽12 cm,体重220 g左右,达到商品规格。

吴琴瑟(1989)试验的观测结果见表2-9。

表2-9 锯缘青蟹在人工养殖条件下的生长情况

养殖天数	放苗时	10	30	60	75	90	96	150	180	观测者
Ⅰ组体重(g)	0.031	5.0					340			吴琴瑟(1989)
Ⅱ组体重(g)	0.0182			120	177				574	吴琴瑟(1989)
Ⅲ组体重(g)			22			37.5		163		田村正

吴琴瑟(1991)等测定人工池养的锯缘青蟹甲壳宽(L)与体重(W)的关系如下式。

雌蟹 $W=0.207\ 16L^{3.007\ 1}$

雄蟹 $W=0.211\ 18L^{3.037\ 09}$

由此公式,可计算出锯缘青蟹的肥满度,从而检查养殖措施是否得当,以采取相应解决办法,获更好养殖效益。

影响锯缘青蟹生长的主要因素除水温等环境因子外,饵料也是主要因素。因此在生产中应予以合理调配,以达最佳生长速度。

五、繁殖习性

(一)雌雄鉴别

对于锯缘青蟹的雌雄可从以下5个方面进行鉴别:
腹脐的形状:体长1 cm,体宽1.5 cm以上时,雌蟹腹脐开始宽大,略呈近圆形;雄蟹腹脐狭长,呈三角形。

腹肢:腹肢着生于腹脐内。雌蟹有4对腹肢,肢上有刚毛;雄性只有2对腹肢,肢上无刚毛。

螯足:雌蟹螯足较短小,雄蟹螯足长而宽厚。

背甲:雌蟹背甲近圆形,雄蟹背甲近椭圆形。

体长与体重:一般雄蟹甲壳比雌蟹长。在繁殖季节之前,同样大小的锯缘青蟹,一般雄蟹比雌蟹重。

(二)锯缘青蟹的繁殖季节

锯缘青蟹的繁殖季节因地而异,主要与水温有关。在广东沿海除了冬季之外,其他时间均可见到抱卵的雌蟹,而3~4月和6~9月是繁殖盛期。广西沿海繁殖季节在3~10月。福建、厦门地区锯缘青蟹一年的繁殖高峰有两个,一个是5月中旬至6月中旬,另一个在8月中旬至9月中旬。在我国台湾省终年均可产卵,但抱卵蟹仍以水温较高的3~8月较常见,4~6月为繁殖旺季。浙江南部沿海的繁殖季节在4~10月,5月下旬至6月和8月下旬至9月中旬是繁殖盛期。上海沿海的锯缘青蟹交配盛期是9~11月,繁殖季节在5~8月。在国外,泰国的锯缘青蟹产卵期是5~9月。菲律宾的锯缘青蟹终年都能繁殖,而以5月下旬至9月中旬为繁殖的高峰期,该地的锯缘青蟹一般5月可达到性成熟,5个月内可产卵3次。南非锯缘青蟹的繁殖季节是10月至翌年5月。

(三)性腺发育与成熟

锯缘青蟹1年即达性成熟,交配后的雄蟹及产卵后的雌蟹,大部分不久就死亡,寿命1~2年。卵巢成熟的锯缘青蟹体重约700 g左右,大者可达1 500 g。

根据锯缘青蟹卵巢内外特征的变化,可将其发育情况分成6期(表2-10)。

表2-10 锯缘青蟹卵巢发育分期(冯兴钱等)

卵巢发育分期	头胸甲长(cm)×宽(cm)	卵巢外观 外形和大小	卵巢外观 颜色	卵巢组织学特征	发育特点
Ⅰ.未发育期	2.9～4.4×3.4～6.3	极细,直径为0.2～0.5 mm,无皱褶,肉眼难于辨认	无色透明	横切面为中空细管,腔内或管壁上少量卵原细胞;无明显增殖迹象	卵巢发育和卵子发生处相对静止期
Ⅱ.发育早期	3.7～7.4×5.2～11.3	呈带状,宽0.5～4.0 mm,初期皱褶不明显,晚期逐渐明显	由初期白浊略透明逐渐转为晚期的乳白色,不透明	初期(早Ⅱ期)出现大量处在活跃增殖状态的卵原细胞;晚期(晚Ⅱ期)卵巢小管形成,其内含卵黄发生前期卵母细胞和增殖的卵原细胞	卵原细胞活跃增殖期,卵母细胞形成并进行减数分裂和卵黄发生前的准备
Ⅲ.发育期	6.3～9.2×9.5～13.0	体积明显增大,宽由5 mm增至20 mm,皱褶显著	淡黄或橙黄色	卵原细胞增殖极少或无,次级滤泡形成;卵巢内主要为卵黄发生期卵母细胞,卵母细胞增大显著,内含大量卵黄粒,核内染色体丝状	卵母细胞迅速生长和卵黄发生旺盛期

(续表)

卵巢发育分期	头胸甲长(cm)×宽(cm)	卵巢外观 外形和大小	卵巢外观 颜色	卵巢组织学特征	发育特点
Ⅳ.将成熟期	7.3.0~10.0×10.5~14.0	体积接近最大,约25 mm	橘红色	卵母细胞直径接近最大(平均240μm),其内充满卵黄粒,核膜尚清晰,核内无明显染色体,核质均匀,浅蓝色	卵母细胞生长和卵黄发生近结束
Ⅴ.成熟期	7.7~9.2×11.2~12.9	体积最大,最宽者可达28 mm,卵粒可辨	亮橘红色	卵母细胞直径最大(平均260μm),卵核皱缩,核仁、核膜模糊,核质淡紫色	卵母细胞生长和卵黄发生基本结束,卵核继续分裂
Ⅵ.排卵后期	7.5~8.0×11.6~12.5	萎缩,叶片状	灰浊色	滤泡萎缩,泡内含残存少量退化的大卵母细胞及早期卵母细胞,泡壁增厚	排卵后残存卵母细胞退化和重新吸收期

表2-10分期是从锯缘青蟹卵巢内部的组织学特征为主要依据,并结合卵巢的大小、颜色等外部形态等特征而作出的科学划分。在养殖生产实践中,群众积累了丰富经验,采用目测法来鉴别锯缘青蟹的性腺成熟度。鉴别方法见第四节天然锯缘青蟹苗的利用表2-23。

(四)交配

在锯缘青蟹一生中要经13次蜕壳(皮),其中最后一次蜕壳为生殖蜕壳,交配行为就是在雌蟹完成最后一次蜕壳后的1小时左右开始进行的。

一般而言,锯缘青蟹在其甲壳长6 cm、宽8 cm、体重150 g以上时便可交配。

达性成熟的雌蟹在临蜕壳之前即有雄性伴随即追尾现象,并且追尾成功的雄蟹有搂抱雌蟹四处游走的行为,这种搂抱行走,短则1天,长则4~5天。待雌蟹将要蜕壳时,雄蟹将雌蟹带到一个安全隐避处,并与雌蟹分离,守护在雌蟹周围。看到雌蟹蜕壳完毕,大约过1小时,在雌蟹新壳还没有硬化前,便与雌蟹采取交配行为。

交配的一切行为都由雄蟹主动安排。雄蟹首先协助雌蟹翻转身体,使之成为仰卧的姿态,随即爬上去,让自己的腹部对着雌蟹的腹面,用3对步足紧抱雌蟹。此时,雌蟹很自然地打开腹部,暴露出胸板上的一对生殖孔,而雄蟹也趁势打开腹脐,使其末端支撑在雌蟹腹脐基节的内侧,迫使雌蟹的腹脐不能闭合,然后将交接器插入雌蟹的生殖孔内进行输精。其精液在雌蟹的两个纳精囊内储存起来,以待产卵之时才被释放授精。

交配开始的时间一般是在夜间,白天可继续进行。在水温18℃~21℃,盐度6.7~7.4,溶解氧1.49~1.69 mL/L,pH7.38~8.12的环境条件下,锯缘青蟹能顺利交配。在大潮汛,尤其是起水头交配较多。当遇冷空气后,水温急剧下降到最低点并逐渐回升之时,可激发锯缘青蟹的交配欲。锯缘青蟹在交配期间停止摄食。

交配持续时间,最短9~24小时,较长的达2~3天。交配后,雄蟹还守着雌蟹一段时间,以防敌害侵袭,直至雌蟹的甲壳完全硬化,雄蟹才离去。

在交配盛期,锯缘青蟹有多次交配现象。不但雄蟹与多个雌蟹进行交配,而且雌蟹也不止与一个雄蟹交配过,甚至刚刚完成交配的一对也有重新进行再交配的现象。

(五)产卵与抱卵

经交配的雌蟹,在纳精囊内精子的刺激下,卵巢内的生殖细胞开始发育,卵巢迅速增大,如果饵料充足,环境条件适合,在池塘人工养殖的条件下30～40天卵巢就可以发育成熟,整个头胸甲以及头胸甲前侧缘,直至腹部肛门附近的空间均为卵巢所占领。如果外界条件适合,便可产卵。

1. 产卵的外界条件

对锯缘青蟹产卵有直接影响的环境因子主要有温度、盐度、海潮、底质、水质等。

(1)水温:每年3～4月,当水温上升到18℃时,便有锯缘青蟹开始产卵。据测定,锯缘青蟹产卵、受精、孵化的正常水温幅度为18℃～31℃,最适水温为26℃左右。在水温低于15℃、恶化水质等不利环境条件下,雌蟹虽然产卵,但不能正常黏附于刚毛上,全部或大部分散落水中,造成"流产"。

(2)盐度:锯缘青蟹产卵的水体盐度,要求在20以上,最适盐度为28～32。若盐度低于20,雌蟹则会"流产"或不能产卵。

(3)海潮:据试验观察,促使自然海区锯缘青蟹产卵的另一个重要因子,是海潮的刺激。大潮汛期间,栖息于低潮带的成熟锯缘青蟹才能产卵。罗远裕等(1986)针对实验室人工饲养条件下的雌蟹不易产卵,而采用露空来刺

激它,每天露空1小时左右,再灌水激起波浪代替潮波,结果成功地促使雌蟹产卵受精。而对比试验得出,没有露空刺激的两只卵巢很丰满的雌蟹,放养于池内,采用常流水,保持水质新鲜。几天后,这两只雌蟹因难产而死亡。

(4)底质:自然海区锯缘青蟹产卵场一般是泥沙或沙泥质。冯兴钱等认为根据锯缘青蟹产卵习性的要求,即母蟹产卵时,是先将卵子产于地上,然后才将受精卵逐步黏附于腹肢刚毛上,在产卵和黏附的过程中,发现有部分受精卵已被埋入泥沙中而无法黏附到刚毛上来,其黏附率一般只有35%~50%,若改在水泥池中产卵,黏附率可达95%以上。因此,影响锯缘青蟹产卵黏附率的底质,以水泥底质最佳,沙质次之,泥质最差。但是,根据作者近几年来的生产试验,水泥池底铺沙的池子,亲蟹的抱卵情况良好;水泥池底培育的亲蟹不能很好的抱卵,这与吴洪喜等(1998)的研究相同,表2-11。

表2-11 亲蟹地质对比暂养试验结果(吴洪喜等1998)

试验组别	亲蟹数(尾)	培养天数	成活蟹只数	抱卵蟹只数	流产蟹只数	成活蟹抱卵率(%)	成活蟹流产率(%)
沙地质	11	76	9	7	0	77.8	0
水泥地质	10	76	8	0	3	0	37.5

(5)水质:锯缘青蟹产卵时要求水质澄清,无污染,溶解氧量高,pH以8.0~8.5为宜。

2.产卵与抱卵

雌蟹一般是在夜间22时至凌晨4时之间产卵,一次产卵的时间大约为1小时。产卵时,雌蟹常用步足把体躯撑起,腹脐有节奏地一开一闭地扇动,此时,锯缘青蟹体内成熟的卵子,经输卵管至纳精囊与精子结合进行受精,然后从生殖孔排出体外,大都黏附在腹肢的刚毛上,也会有部分卵子散落入水中。凡受精的卵子,都有两层卵膜,内层为卵黄膜,外层为裹住受精膜外围由卵巢液的胶质黏液囊形成的次级卵膜,因带有黏性,因此能黏附于腹肢的刚毛上。再由于卵粒的重力作用和腹脐的活动,黏附在刚毛上的卵外膜被外力拉长形成卵柄,致使刚毛上的卵群就像许多长串的葡萄。受精卵黏附于刚毛上受母蟹保护,直至孵出幼体为止,这时的母蟹称为抱卵蟹,或称"开花蟳"。

3. 产卵次数与怀卵量

已交配过的雌蟹,它的产卵次数与栖息地区和锯缘青蟹本身的素质(大小、强弱)以及产卵迟早等有关。只要条件适宜,雌蟹可多次产卵。比如:常年能产卵的在台湾天然海区里的雌蟹,多数只产卵(抱卵)一次;但个体大而且早期产卵的,在第一次产卵孵化后,能有第二次产卵。至于第二次产卵受精所需的精子,交配时纳精囊内精子的储备量可供多次产卵用。

抱卵数就是指母蟹腹肢刚毛上所附着的卵子的数量。抱卵数比产卵量(母蟹从生殖孔所产出的卵子数)要少得多,因为所产出的卵子不会全部黏附于腹肢刚毛上,其中不少卵子因种种原因而散失掉了。

雌蟹的怀卵量因地而异。各地的气候、海况等环境因素不同,怀卵量有所差异。更重要的是在正常情况下,雌蟹的怀卵量与个体大小成正相关。因此,学者们对锯缘青蟹怀卵量的研究,因地区差异和取材大小不同,所得出的结果也不尽一致。有关资料汇总见表2-12。从表中可以看出,锯缘青蟹的最高怀卵量为400万粒。一般锯缘青蟹所抱卵子的重量为体重的18%,重1g卵子的卵

粒数量大约有4万粒。锯缘青蟹的怀卵量Q(万粒)与甲宽L(mm)之间的关系如下式：

$Q=3.386L-196.32$ （关系系数$r=0.91$）

表 2-12　各地锯缘青蟹的怀卵量

国家和地区	个体大小			怀卵量(万粒)	卵径(μm)	资料来源
	头胸甲宽(cm)	头胸甲长(cm)	体重(g)			
广东		8.0以上	150以上	200		广东水产养殖公司(1982)
浙江乐清		9.3		150～200		徐君义(1985)
台湾			236～260	80～400 172～240	340±20 230～400	丁云源、林明男(1980) 陈胜香(1977)
菲律宾			1 000～1 500	250～400	200	林元华(1982)
泰国		9.0～10.9		229～271		Vanich 和 Vauckul 等(1970)
日本	17.3 13.5			110 79	400	黄丁郎(1966)
浙江南部	108.0 115.0 126.1 136.0 142.5			188.0 204.1 220.0 241.7 414.7		吴洪喜等(1998)

(六)胚胎发育与孵化

1.胚胎发育

锯缘青蟹的胚胎发育(见图 2-9)是在卵膜内进行的。

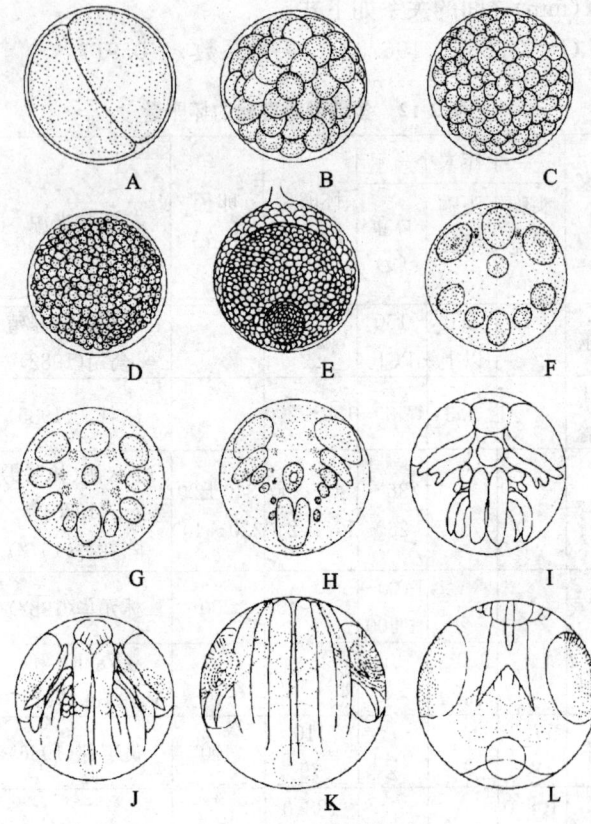

图 2-9 锯缘青蟹胚胎发育图

A. 2 细胞期(16 小时)　B. 64 细胞期(28 小时)　C. 128 细胞期(42 小时)　D. 囊胚期(57 小时)　E. 原肠期(65 小时)　F. 原肠期(5 天)　G. 无节幼体期(6 天)　H. 五对附肢期(8 天)　I. 七对附肢期(12 天)　J. 复眼色素形成期(15 天)　K. 准备孵化期(20 天)　L. 准备孵化期(背面观)(20 天)

刚排出体外的受精卵为黄色,卵黄丰富,卵表面光滑清晰,原生质均匀。受精卵排出体外后 16 小时左右才开始卵裂。2 细胞期、4 细胞期都为螺旋卵裂,且都能看到清晰的分裂沟。64 细胞后胚胎趋向表面卵裂,256 细胞后的胚胎进入囊胚期和原肠期。原肠期以内陷为主,集中和外包为辅形成原肠。继而进入 5 对附肢期、7 对附肢期、复眼色素形成期、准备孵化期。现将不同学者对锯缘青蟹胚胎发育分期及各期主要形态特征变化情况综合列于表 2-13。

表 2-13 锯缘青蟹胚胎发育分期及形态特征

发育期 韦受庆等 1986	形态特征	对应期划分	
		王桂忠等 (1990)	吴洪喜 (1990)
卵裂期	螺旋型卵裂,卵裂球 2~256 个,孵化 24 小时趋向表面卵裂。卵径均值为 291.04 μm	1 期	眼点前期
囊胚期	卵裂进入表面卵裂,胚胎进入囊胚期,卵裂球表面密集排列,细胞数已数不清。细胞内卵黄颗粒逐渐移到细胞的向心端,形成卵黄锥。然后,细胞进行切线卵裂,向内分出卵黄细胞,留在外面的细胞成为囊胚层细胞。卵径为 291.52 mm	2 期	
原肠期	以内陷为主,集中和外包为辅形成原肠。视叶、胸腹折、两个大颚、大触角、口道和口器相继形成。在卵的一侧出现一很小的隐约可见的透明区,透明区中间部分较窄小,卵径明显增大,约 308.72 μm	3 期	

(续表)

发育期 韦受庆等 1986	形态特征	对应期划分	
		王桂忠等 (1990)	吴洪喜 (1990)
无节幼体期	孵化6天,一对小触角原基形成,两对触角和大颚内侧形成相对应的神经节,尾叉原基出现,背器释放分泌物,使胚胎和旧壳分离,整个胚胎缩短,进行蜕皮。无色透明区占卵面积的1/5左右。在透明区内清晰可见略呈圆形的胚肢附基雏基,卵径为307.12 μm	4期	眼点前期
5对附肢期	8天,第一、二小颚形成,小触角、尾叉增长,背器逐渐缩小消失。无色透明区扩大成新月形,占卵面积的1/4左右,附肢雏基拉长,卵黄区在靠近无色透明区部分色泽开始变淡,隐约可见卵黄块。卵径为311.68 μm	5期	
7对附肢期	12天,两对颚足出现和分化。大触角成"Y"形,八字形排列;视叶神经节、小触角神经节和大触角神经节合并成脑。肠出现。透明区卵面积 2/5 左右。胚体的整个卵黄区色泽变淡并转为透明,卵黄块清晰可见,卵径为319.12 μm	6期	
复眼色素形成期	视叶下层细胞释放核外染色物质,形成呈弯眉状的棕红色复眼色素带,并逐渐变黑加大。胚体心跳出现,卵黄收缩呈蝶状一块。无色透明区占1/2并进一步扩大,胚体腹部有两条明显体色素带出现。卵径为339.04 μm	6期	眼点期

(续表)

发育期 韦受庆等1986	形态特征	对应期划分	
		王桂忠等(1990)	吴洪喜(1990)
准备孵化期	心跳加快,快到120~140次/分。复眼呈椭球形,视叶长度达卵径的一半。复眼内各单眼分界逐渐分明,呈放射状排列。大颚和第一小颚围绕口道一起构成口器,并开始启动,准备取食;前肠连口道,后肠通肛道,准备排粪。卵黄进一步收缩,变淡,最后卵黄基本吸收完毕,成为溞状幼体,当胚体发育完善后,借腹部的扭动破膜而出。卵径为365.28 μm	6期	心跳期

表2-13中三种划分方法虽期别名称不同,但基本内容是统一的。

2.孵化

当胚胎发育完善后,胚体靠肌肉的收缩,借腹部的扭动,破膜而出,孵化成第一期溞状幼体。破膜孵化的征兆主要有:①在胚胎发育后期,幼体破膜而出的前一天,母体摄食明显减少,临产的当天则停食;②水面突然出现污泡,这是临产或产出时的分泌物;③卵子的颜色变为灰褐色;④镜检卵子,当胚体心跳达到160次/分以上时,预示几个小时内幼体将出膜。

在溞状幼体孵出之时,母蟹浮于表层,在池四周游动,并将头部向下,而游泳足向上,腹部几乎与水底垂直,以游泳足作急速游动,并用步足拨开孵出的溞状幼体,使其分散于水中营浮游生活。

3.胚胎发育及孵化对盐度和温度的要求

(1)盐度:孵化时的正常海水盐度是 25~35,最适盐度为 26~30。盐度低于 25 或高于 35,孵化率则低,孵出的幼体活力差,培养后成活率也低。如果抱卵蟹处于盐度为 40.7 的海水中,一星期后所抱的卵会全部散落。

(2)水温:锯缘青蟹胚胎发育适宜水温为 22℃~30℃,最适温度为 26℃左右。王桂忠等(1989)报道,水温低于 15℃或高于 35℃时,胚胎发育不正常,以至死亡。

水温与孵化时间关系密切,在适温范围内,随着温度的升高,则孵化时间缩短(表 2-14、表 2-15)。

表 2-14 锯缘青蟹受精卵的发育与水温关系

水温(℃)	卵子的孵化时间(d)
16	60~65
18	40~45
20	30~35
22	25~30
24	18~20
25	15~18
30	10~15

表 2-15 不同水温、盐度条件下锯缘青蟹胚胎孵化比较

水温(℃)	盐度	孵化时间(d)	孵化率(%)	资料来源
25~32		11~18	80	吴琴瑟等(1990)
18~28	比重 1.015~1.020	8~25	95	韦受庆等(1986)
24~28	26~28	11		汤全高等(1992)
26.2~28.3	26.3~31.8	11~14	84~89	吴洪喜(1990)
24.5~31.5	28~32	12		M. P. Heasman 和 D. R. Fielden(1983)
23~25	28~32	16		

(七)幼体的发育

锯缘青蟹胚胎刚孵出的幼体称溞状幼体(用"Z"表示)。溞状幼体期需蜕皮 5 次,分 5 期,环境条件不适或饵料量不足、质不佳时也有延期情况发生,然后,发育成大眼幼体(用"M"表示)。大眼幼体一期,蜕一次皮后变成幼蟹。完成整个幼体发育共需蜕皮变态 6 次。在水温 26℃～29℃时,需 21～24 天发育成幼蟹(表 2-16)。

表 2-16　锯缘青蟹幼体的发育速度

发育阶段	水温(℃)	天数(d)
第Ⅰ期溞状幼体	25.7～26.6	3～5
第Ⅱ期溞状幼体	27.3～27.5	2～3
第Ⅲ期溞状幼体	27.3～27.6	3～4
第Ⅳ期溞状幼体	27.6～28.2	3～4
第Ⅴ期溞状幼体	28.0～28.5	3～4
大眼幼体	26.9～29.2	6～7
幼体发育周期	25.7～29.2	21～24

1. 溞状幼体

刚孵出的幼体很小,其貌似水溞,故称溞状幼体。其身体略呈三角形,分头胸部和腹部。头胸部具额棘、背棘各 1 根,较长;侧棘 1 对较短。腹部各节具棘。口器及消化道出现,开始摄食,尾节的后缘棘有辅助摄食的功能。营浮游生活,具强的趋光性,喜聚集于光线较强的地方。颚足的羽状刚毛为主要的浮游器官,头胸部的棘刺也有增强浮游的作用。颚足的羽状刚毛数量随着幼体发育而增多。可根据第一、二颚足外肢末端的羽状刚毛数等特征来鉴别各期溞状幼体(图 2-10、表 2-17)。

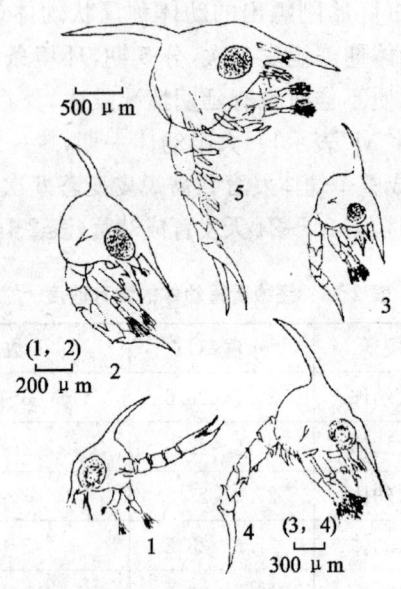

1. Ⅰ期溞状幼体;2. Ⅱ期溞状幼体;3. Ⅲ期溞状幼体
4. Ⅳ期溞状幼体;5. Ⅴ期溞状幼体

图 2-10 锯缘青蟹溞状幼体

表 2-17 锯缘青蟹溞状幼体各期的主要形态特征

形态特征	幼体期别	Z_1	Z_2	Z_3	Z_4	Z_5
体长(mm)		1.04~1.14	1.41~1.65	1.7~1.9	2.4~2.6	3.3~3.4
颚足外肢末端羽状刚毛数	第一颚足(根)	4	6	8	10~11	12~13
	第二颚足(根)	4	6	8~9	12~13	14~15

(续表)

形态特征 \ 幼体期别	Z_1	Z_2	Z_3	Z_4	Z_5
腹肢发育			5对腹肢开始萌芽	呈小棒状	第1～4对双肢型，第5对单肢型
复眼	无柄不能动		有柄能动		

2. 大眼幼体

大眼幼体(图2-11)由第 V 期溞状幼体蜕皮变态而来,也称之为"蟹苗"。因其一对复眼着生于很长的眼柄末端,露出在外而得名。

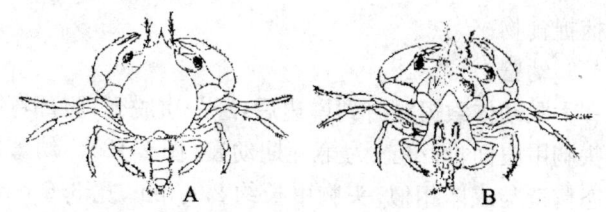

A. 背面观　B. 腹面观

图2-11　锯缘青蟹大眼幼体

大眼幼体分头胸部和腹部,体呈淡黄色或粉红色且透明。身体背腹较扁,外形开始近似成体,惟其腹部尚未弯贴在下方。其全长约 3.55 mm,头胸甲长 2.10 mm,头胸甲宽 1.75 mm,腹长 1.53 mm。头胸部背棘和侧棘均已退化消失,头胸部后缘拉长呈大角 1 对。眼柄伸长。触角两对即第一、二触角。口器发育已趋完善,由 1 对大颚，两对小颚和三对颚足组成。额棘尖锐，长于第一触角而短于第二触角。5对步足发达并具刚毛，其构造与成体也很相似，也由底节、基节、座节、长节、腕节、掌节、指节等7节组成。第一步足指节呈钳状，称螯足，适于捕食；第二至第四对步足指节呈爪状，为爬行的主要器官；第五对步足指节较扁，但尚未具游泳功能。

腹部狭长，共7节，尾叉消失，仅第五腹节后侧缘保留指向后方的刺1根。具5对发达的游泳器官——腹肢，其外肢均生有刚毛，内肢具有弧状小刺3根。

大眼幼体为浮游生活向底栖生活的过渡类型。幼体的形态既能适应水中迅速游泳，又能适应底栖爬行。食性以肉食为主，杂食为辅，喜食贝、虾、鱼等碎肉，性凶猛，能捕食比其本身还大的浮游动物和底栖动物。在饵料不足时，常会互相残食。在游泳中或静止时，都能用螯足主动捕捉食物。

3. 幼蟹

大眼幼体索饵洄游到岸边后，经一次脱壳，腹部弯贴在头胸甲腹面，即变态为第一期幼蟹（图2-12）。幼蟹的形态构造与成体相似，头胸甲长约 2.8 mm、宽 3.6 mm，需再经多次蜕壳才逐渐长成成蟹。

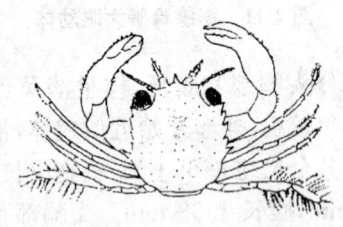

图 2-12　锯缘青蟹幼蟹

幼蟹喜栖息在河口或内湾,营底栖生活,能爬善游,涨潮时觅食,退潮时穴居。幼蟹长大后,才离开岸边水草地带向深处移动。幼蟹的生长与水温、盐度、饵料等环境因素有关。适于幼蟹生长的温度为18℃~31.5℃,最适水温为30℃左右,盐度以15~20为宜。当生长条件适宜、饵料丰富,生长就快,蜕壳频率也高,蜕壳后体形增幅也大;反之则生长慢。幼蟹生长历时约4个月左右。

第四节 锯缘青蟹的苗种生产

一、锯缘青蟹全人工育苗

随着锯缘青蟹养殖业的发展,捕获天然海区的蟹苗已不能满足养殖的需要,而且天然蟹苗的丰歉受海况、天气影响很大。因此,人工育苗已引起了重视。20世纪60年代初福建的黄胜南等研究过锯缘青蟹的幼体发育,马来西亚的Ong(1964)对锯缘青蟹溞状幼体到幼蟹的幼体发育做过研究。Duplessis(1971)、Hiu(1974)、Heasman(1983)等对育苗过程进行了研究。因育苗难度较大,尽管国内外科技工作者做了不少工作,但进展较慢。

20世纪80年代,国内外又掀起了研究锯缘青蟹人工育苗的热潮,我国广西取得较好成绩,但大规模育苗的生产性技术尚未确立,离高产稳产有一定差距。吴琴瑟等从1988年起从事锯缘青蟹人工育苗的试验研究,试验中一雌蟹能育出幼蟹(1~3期)47 770只,1990年年产幼蟹36万多只。据广西珍珠公司报道,1991年育出幼蟹(C_1~C_2)83.84万只,每立方米水体出苗7 763只,高者可达

12 821只/立方米。作者1999年在育苗生产中,300 m^3 水体出4期以上幼蟹48.2万只,2000年在500 m^3 水体中育出2期以上幼蟹186万只。如何使育苗做到稳产高产,还有待研究。当前天然苗资源有日趋枯竭的现象,人工育苗又未形成产业化,影响了养殖业的发展,应加强研究,争取最快地达到生产化的要求。

实践证明,锯缘青蟹人工育苗生产主要包括以下几大环节。

(一)育苗设施的准备

用于锯缘青蟹人工育苗的育苗室、育苗池、亲蟹培育池、饵料培养室、供水、供气、增温、水质分析、生物监测室、附着器等一切设施均同三疣梭子蟹的人工育苗相同(见第一章)。

(二)亲蟹的培养

1. 亲蟹的来源

亲蟹的来源有二:①从天然海区捕获的膏蟹或抱卵蟹;②由人工养殖的菜蟳或育肥的红蟳中选出。在有条件的地方,最好选用天然海区捕获的亲蟹,因海区的蟹体质健壮、寄生物少、孵化率、出苗率高。

2. 亲蟹的选择

作为亲蟹,要求:肢体完整、齐全,身体健壮无病,无外伤,活动力强,指压其腹部、步足有结实感;个体要大,一般头胸甲宽13 cm,体重300~350 g以上;蟹体、附肢、鳃无寄生物,卵子上没有钟形虫、纤毛虫、聚缩虫等附着;腹节刚毛要齐全,便于黏附卵子。

选抱卵蟹时要注意:卵块的轮廓形状要完整,腹部不松散;卵上无寄生虫,否则孵化期间卵会变黑、腐败,甚至使母体将卵全部放弃掉。虽可用药物处理寄生虫,但会

影响孵化后的成活率；而且抱卵蟹要在不失水的情况下购入和运输，离水时间不得超过30～50分钟，否则其受精卵会因脱水而变为死卵，即使有些卵能孵出溞状幼体，但不久亦会全部死亡。

在海区选膏蟹时还应注意：要选已交配过的卵巢完全成熟的雌蟹。其主要标志是甲壳内充满卵粒，鲜红色的卵巢已进入甲壳前侧缘的锯齿。检查方法是在灯光或阳光透视下观察甲壳无透明区，腹节上方与甲壳交界处、肛门处均附有卵。

目前，台湾抱卵亲蟹多来自养成池（菜蟹池）或天然海区外海中，可获得较高的孵化率。在养成池所捕抱卵蟹，一般系与江篱混养，其水质较为良好，而且池中是雌雄混养，交配机会较多，受精率及孵化率均较高。

3. 亲蟹的运输

亲蟹选好后，用草绳捆绑好，并快速运输，运输方法有无水运输和浸水运输两种。对于短距离运输，可用海水浸湿的纱布等包裹亲蟹，装箱或箩筐中进行无水运输，运输时间不超过30分钟；对于较长距离的运输，比如时间在5～7小时的情况下，可用塑料桶装海水，放入亲蟹后运输，途中要连续充气，水温最好保持在20℃以下，并注意防止阳光曝晒，若温度过高时，可加些冰块降温。

4. 亲蟹的培育

（1）培育池的准备。亲蟹培育池可为水泥池，也可为土池，一般采用水泥池，在室内或室外均可。生产中室内也可采用对虾或其他蟹类育苗池，效果良好。室外的池子，必须有防雨和遮光设施。池子底部铺设细沙8～10 cm，并用已经浸泡一天以上的砖、石等建成"蟹屋"以供亲蟹匿居，必要时在池顶搭遮光设施。土池的壁为石砌成或混凝土砌成，底质为沙泥或石砾，淤泥或腐殖质一定要少。池底向闸门的倾斜度较大，便于排、灌水，并可露空晒滩，可采用涨落潮换水。

小规模的亲蟹培养，可用水容量为 0.5～1.0 m³ 的水缸、木桶或塑料桶等，上盖遮棚或备有盖子，以防风雨或烈日照射，底部也铺细沙。

亲蟹入池前，新建水泥池要注水浸泡 1 个月以上才能使用；旧池则要先把池壁、池底洗刷干净，用药物进行消毒。一般用有效氯含量 30%～35% 的漂白粉 50～100 g/m³ 水体浸泡 1 小时，然后用清洁海水冲洗干净。

(2) 亲蟹的放养。亲蟹运到后，先测定培育池水与运输包装物内的温度，若两者温差大于 2℃ 以上，则应进行淋水过渡。待两者温差小于 1℃ 后，即将包扎绳去掉。然后用 200 mL/m³ 水体的福尔马林液浸浴消毒 5 分钟放入池中。

亲蟹的培育密度不宜太大，一般为 2～3 只/平方米。用缸、桶培养时，原则上每桶只放养 1 只。

(3) 培育管理。饵料及投喂：饵料要多样化，最好用低值小贝类、沙蚕、小杂鱼、虾、蟹等鲜活饵料，并多种交替使用，每天傍晚投饵 1 次或早晚各 1 次。投喂量以次日晨略有少量剩余为宜。

据王桂忠等研究表明，锯缘青蟹在卵巢发育期间需要从外界摄入大量营养，方能保证卵巢的正常发育，所以在亲蟹的暂养过程中，必须供给足够的高质量饵料。除此之外，所提供的饵料种类也与卵巢的发育有着密切的关系。甲壳动物性腺成熟和排卵除了与性腺抑制素和促性腺激素的作用有关外，还与前列腺素的作用有关。甲壳动物能合成前列腺素，合成此激素时需要二十碳四烯

酸。但是甲壳动物合成二十碳四烯酸的能力很弱,主要从饵料中摄取(陈楠生译(1992))。在海洋无脊椎动物的沙蚕、星虫、蛤等组织中含有很丰富的二十碳四烯酸等脂肪酸。多喂食这些饵料生物,可以促进锯缘青蟹的性腺成熟。

水质调控:水质要新鲜、干净无污物,水温以26℃～31℃为宜,水温低于20℃则摄食减少,卵巢发育很慢。盐度以25～32为宜,盐度低于22,雌蟹卵巢发育将受到抑制。在培育过程中还应充分冲气,使水中保持充足的氧气。经常换水,每天换水量为50%～100%,换水一般在上午进行,温差不超过±1℃,并彻底及时清除前一天的剩余残饵,以免腐败而影响水质。有条件的地方,可轮池饲养,或2～3天大清池、大换水一次,效果会更佳。

其他管理工作:在亲蟹培育期间,除投好饵、调好水之外,还应做好以下几项工作:

A. 培养期间光照不宜过强,否则在蟹体上会附着许多生物,影响性腺发育。因此,在亲蟹培育期要遮光饲养。

B. 亲蟹产卵宜保持安静环境,健壮的雌蟹多数在夜间产卵。如白天或傍晚产卵的蟹则是异常卵,卵子无法黏附在腹肢刚毛上,或者附着量很少,没有什么价值。产卵后的蟹体质弱,要加强饵料、水质管理,不然会容易引起死亡。

C. 每隔2～3天用高锰酸钾或福尔马林液消毒一次,聚缩虫附生时可用200 mL/m^{3}水体的甲醛药浴5分钟左右或0.05%～0.1%的新洁尔灭(原液浓度为5%)的海水稀释液,浸泡消毒1小时。

D. 每天还应仔细检查亲蟹的状态。对未抱卵的亲蟹,若发现有抱卵蟹要及时捞出专池培养。而对抱卵蟹要经常观察卵的颜色变化,以便做好孵化的准备。刚产卵的卵径为 0.365 mm。卵的颜色变化过程是:橙黄色→浅黄色→浅灰色→灰色→棕黑→黑色或灰黑色。

亲蟹的促熟和促产措施:生产实践证明,目前,促使亲蟹性腺成熟和产卵的方法主要有以下两种。①干露与灌水交替刺激法:每天将亲蟹干露 1 小时,然后灌水,这样连续几天,卵巢充分成熟的雌蟹便能正常产卵受精。②剪除眼柄法:即用剪除眼柄的方法,也可促使锯缘青蟹提早成熟和产卵,且剪除一个眼柄比剪除两个眼柄的效果更佳。

但在剪除眼柄时,一定要慎重。据王桂忠、李少菁等的研究表明:在剪除眼柄时,必须准确掌握时期,如果切除眼柄时期掌握不准,即使亲蟹能抱卵,孵化率也会很低($<5\%$)。在锯缘青蟹神经节 X-器官的神经分泌细胞中,仅两群 C 型细胞(C_3 和 C_4)与卵巢发育有关。X-器官中的 C_3 细胞分泌物是性腺抑制素。在卵巢未发育期和发育早期,眼柄 X-器官中的 C_3 细胞均有很强的分泌活动(分泌性腺抑制素)。而在整个卵黄合成期间(即卵巢发育期至近成熟期),虽然这种分泌物活动明显下降,但仍有一定的活动水平。许多研究者还认为:在卵黄合成期间,一定量的性腺抑制激素的存在是不可缺少的,因为此时个体的生长活动仍然相当迅速,而个体生长和卵巢发育都同样是耗能的生理过程,适当地抑制卵巢的发育可以使个体的生长得到充分的保证,为后面的卵巢成熟和卵子排放准备物质基础。因此,眼柄 X-器官中 C_3 细胞的分泌物不单只是一种性腺抑制激素,而应该看成是一种生理调节因子。在不恰当的时期切除眼柄无疑会造成许

多生理功能的紊乱,这也就是为什么用切除眼柄以促进性腺成熟有许多失败例子的原因。所以使用这种方法应该慎重。

据林琼武等(1994)的研究,切除眼柄的方法有两种。第一种是直接切除法,即用小剪刀或烧红的镊子在眼柄基部用力夹。第二种方法是低温麻醉切除法,即将亲蟹置于3℃~4℃下10~20小时,待其"麻醉"(以触眼柄不缩入眼窝为准)后再行切除。切除方式包括单侧和双侧切除两种。

试验证明,采用冷冻后切除眼柄,锯缘青蟹处于"麻醉"状态,不但易于施行手术,而且对亲蟹伤害较轻,效果较为理想,亲蟹存活率几乎为100%。

比较单侧及双侧切除眼柄的效应。双切眼柄引起亲蟹在摄食行为、体色、反应能力等方面都有明显变化,培育中易死亡。试验中接受手术的个体,不管性腺发育程度如何,手术后不久体色均改变为即将产卵的亲蟹类似的红褐色,同时亲蟹的行为迟钝,但其摄食量却大增,一般性腺发育成熟的个体几乎不摄食,但在切除眼柄后却立即开始摄食,这种摄食量的增加可能属于一种生理平衡机制失控行为,并非按其代谢需求进行摄食,可以说是强迫性地进食。双切柄在诱导卵巢成熟及产卵方面要比单切眼柄的效果更为明显,即较快地达到成熟和产卵。但应指出的是:双切眼柄虽能有效地促使亲蟹性腺成熟和产卵,但抱卵蟹却常常在临孵化时出现异常蜕壳而死亡。据林琼武的试验,7尾进行双切眼柄的亲蟹,结果除1尾正常孵化和1尾因伤致死外,其余5尾均是孵化前异常蜕壳而死亡,类似的情况在单切眼柄及未切眼柄的抱卵蟹则从未出现过。

(三)产卵与抱卵

已交配而未产卵的亲蟹,经上述精心培育,卵巢发育饱满,若外界条件适合,便可产卵(具体内容见锯缘青蟹繁殖习性部分)。

吴琴瑟(1992)报道,在水温25℃~32℃条件下,卵发育较饱满的雌蟹,采取强化培育、人工催产等技术,可使亲蟹在4~12天内产卵,成功率可达60%以上。若不采取适当措施,会使产卵时间延缓,且产卵率降低。亲蟹在水泥池中培育时间过长,往往引起卵巢退化,人工育苗无法顺利进行。

产后抱卵蟹的培育方法见亲蟹培育。对于抱卵蟹要经常观察卵的颜色变化,以便做好孵化的准备。刚产卵径为0.365 mm。卵的颜色变化过程是:橙黄色→浅黄色→灰色→棕黑色→黑色或灰黑色。一般抱卵蟹再经14~21天的精心培养,胚胎发育至原溞状幼体期,即可移入育苗池让它孵化出膜。

(四)孵化

1. 孵化池的准备

目前生产中多采用虾蟹育苗池,也可用桶、缸代替。池壁和工具等在使用前,都应经过浓度为10~15 g/m³水体的高锰酸钾消毒,再用干净海水冲洗干净。经200目筛绢把二级沉淀海水灌入池中,水位1 m左右。如果孵化池与育苗池兼用的话,则进水后还应适当施肥和接种少量单胞藻(具体方法见第一章第四节饵料生物的培养)。

2. 孵化

当抱卵蟹出现临产征兆时(有关临产的征兆和孵化日期的预测,可参阅本书锯缘青蟹的繁殖习性),应及时把抱卵蟹移入孵化池。抱卵蟹移入孵化池之后,要不断

充气,密切注视其孵化情况。亲蟹孵化一般都是在上午 5 时～11 时,尤其是早上 6～7 时孵化更为常见,孵化时间多在 1 小时左右。当孵化结束后,应立即把亲蟹取出,放回培养池,并继续精饵饲养,为其性腺再发育、进行第二次抱卵做好管理。孵化时水温以 26℃ 左右最适宜,最适盐度为 26～30。

实践证明,锯缘青蟹受精卵的孵化应注意以下事项:

(1)要认真观察胚胎发育,做好孵化前的准备工作。当受精卵呈浅灰色或深灰色,在解剖镜下观察到卵膜内的胚胎出现眼点和跳动,应抓紧时间准备好亲蟹的消毒池和幼体孵化池,并对孵化池进行清洗、消毒,然后放入过滤海水。

(2)对孵化前的抱卵蟹,用过滤海水洗净污泥,若发现聚缩虫附着,应使用 0.05%～0.1% 的新洁尔灭(原液浓度为 5%)的海水稀释液,浸泡消毒 1 小时左右。否则,会把聚缩虫带进幼体培育池。

(3)要注意掌握好孵化池中的幼体密度。经清洗消毒后的亲蟹,把它装进笼内,垂挂在孵化池中进行孵化。孵化时使用亲蟹的数量与亲蟹的怀卵量、孵化池大小及孵化时应掌握的幼体密度有关;而孵化时应掌握的幼体密度又主要取决于水温的高低。水温在 25℃,孵化幼体应不超过 $50 \times 10^4/m^3$;水温在 30℃,孵化幼体密度应掌握在 $25 \times 10^4/m^3$ 以下。怀卵亲蟹用量可按以下公式计算:

孵化时怀卵亲蟹用量=应掌握幼体的密度×孵化池水体/[亲蟹平均怀卵量×孵化率(%)]。

(4)孵化池水温日夜温差不超过 1℃,发现水中出现刚孵化溞状幼体时,充气量要小,当幼体数量达到预定的要求密度时,应立即把亲蟹移走。

(五)幼体培育

锯缘青蟹幼体培育是指将孵出的溞状幼体培育成幼蟹的过程。

1. 培育设施及消毒处理

锯缘青蟹育苗池可参照三疣梭子蟹育苗池,其幼体培育设施及消毒处理与三疣梭子蟹相同(见本书第一章第四节)。也可以专建锯缘青蟹育苗池,因亲蟹产卵批量小,专建的育苗池以 10 m³ 以内的小池为宜。

2. 培育用水的准备及调控

自然海水要经二级沉淀、沙滤后,再用 200 目筛绢网袋过滤,方可注入培育池。池水开始不要注满,一般为育苗池的 2/3 体积即可。

培育池注水后,应根据生产需要适时加入 EDTA 钠盐 3~5 g/m³ 水体,并接种单细胞藻类,金藻、硅藻、扁藻等种类均可。并将池水调至幼体培育适宜的水质指标范围待用。

3. 幼体的选育及布池

为了提高幼体的成活率,减少污染,选择健康幼体进行培育是生产中行之有效的措施。具体方法是:刚孵出膜的幼体,在停止充气的情况下,由于幼体的趋光性强,健康幼体会集群于水的表层和上层。这时,可用塑料桶、塑料勺或圆底筛绢网袋将表层和上层幼体收集,放入幼体培育池培育。也可用虹吸方法收集。溞状幼体Ⅰ期入池的密度约为 2 万~5 万尾/立方米水体。若不经选优,布池密度可增大。

4. 幼体的培育管理

(1)饵料及投喂。溞状幼体孵出后,立即开始摄食,因此,适时、适量地投喂适口饵料可大大提高其成活率。

据研究表明：如溞状幼体开始摄饵的时间推迟半天，蜕壳时间则会推迟1天，蜕壳成活率亦大大降低。所以，适口的饵料是育苗的关键。当前育苗在溞Ⅰ、溞Ⅱ期的死亡率高可能与开口饵料有关。棍龚孟忠(1994)研究表明：在适宜的温度、盐度、溶解氧、酸碱度、光照、水流、底质等生态条件下，采用生态系育苗技术，大量培养生物饵料，以活体饵料多品种营养互补，采取藻类、轮虫、卤虫、桡足类等动、植物饵料组合，幼体前期以投单细胞藻类、轮虫为主，辅以投喂卤虫、蛋黄；中后期投喂以卤虫为主，桡足类、藻类为辅。这样，能使幼体变态存活率达60%以上，可达到批量生产蟹苗，并已被试验性生产所证实。

李少菁等(1998)通过对锯缘青蟹幼体发育过程中，对饵料质和量需求的变化、饵料影响与制约各期幼体生长及元素含量以及相应的幼体发育过程的消化道组织化学、消化酶活力、饥饿实验和肝胰腺超微结构的变化进行的研究也表明：在锯缘青蟹幼体培育过程中，其喂养模式应以"早期以投喂轮虫为佳，溞Ⅲ、溞Ⅳ改喂卤虫"。根据幼体消化酶活力和肝胰腺的超微结构研究，初孵幼体已具备较为完善的消化能力，这说明锯缘青蟹幼体一经孵化，主要依靠摄食来满足能量和发育的需要，所以在实际育苗中，幼体孵化后应及早投饵，短暂的饥饿都会对其存活率和发育产生重要影响。但由于溞Ⅰ和溞Ⅱ消化道的形态与功能发育尚未发达与完善，其捕食多为被动行为，轮虫是良好饵料，且大致以40～60个/毫升为宜。溞Ⅲ以后，以投喂营养价值高，个体较大的卤虫为佳。此外，在幼体培育过程中，还应注意投喂的轮虫和卤虫的自身的营养价值，特别是其脂类的营养价值，需要的话应进行EPA/DHA的强化培育。

关于幼体培育阶段各期的主要饵料及日投喂量,现列表如下以供参考(表2-18,表2-19)。

表2-18 每只幼体在各发育期主要饵料平均日投饵量
（广西珍珠公司）

饵料种类＼幼体期别	Z_1	Z_2	Z_3	Z_4	Z_5	M	C	备注
扁藻（$\times 10^4$）	3	5	7	2	0	0	0	视藻类浓度调整
轮虫（尾）	30	45	60	40	0	0	0	视残饵调整
卤虫（尾）	0	0	20	35	50	5	0	Z_5后投卤虫成体
牡蛎、虾肉（占幼体重%）	0	0	0	0	0	250	350	

表2-19 各期幼体的日投喂量(笔者)

期别	螺旋藻（$\times 10^4$/mL）	蛋白小球藻（$\times 10^4$/mL）	轮虫（$\times 10^4$/mL）	卤虫无节幼体（个/尾）	卤虫成体（克/万尾）
Z_1	1	30	20～30	0.5～1	
Z_2	0.5～1	20	35～50	1～2	
Z_3	0.5	20	20	5～10	
Z_4	0.3	15	15	10～25	
Z_5	0.1	10		30～50	10～20
M				大于100	20～40

（注：锯缘青蟹幼体培育期间饵料生物的培养见本书梭子蟹幼体培育部分）

(2)水质调节。锯缘青蟹幼体培育的水质指标:

A. 水温:整个培育期间的水温可控制在25℃～32℃之间。前期温度要求低些,Z_1最适水温为25℃～26℃,

以后逐渐升高到30℃左右。后期,即大眼幼体,水温可以在27℃~32℃之间。应注意:Z_5期临变态时,水温要求略为低些,保持在26℃~28℃。在幼体培育期间,若水温降至22℃则幼体发育慢,20℃可引起死亡。

B. 盐度:幼体培育期间,盐度以27~30最为适宜。早期可以略为高些,Z_1~Z_2为27~35;Z_3以后为23~31。注意在幼体培育期间特别要防止盐度的大幅度升降。

据王桂忠等(1998)关于盐度对锯缘青蟹幼体存活与生长发育的影响研究表明:锯缘青蟹幼体有较宽的盐度耐受范围,在盐度为23~35的范围内均能发育成仔蟹,但以盐度为27的成活和生长情况最好。适宜早期幼体(Z_1、Z_2、Z_3)生长的盐度是23~35;后期(Z_4、Z_5、M)的生长适宜盐度则是23~31。这种适宜盐度范围前移现象与陈弘成和郑金华(1985)的结果一样。Arriola(1940)曾指出锯缘青蟹有产卵洄游行为,即锯缘青蟹在交配后性腺成熟时,从河中及咸淡水区游到外海产卵。Hill(1974)和Ong(1966)也发现锯缘青蟹有入海繁殖现象。陈弘成和郑金华(1985)在野外观察时也发现,大多数幼体抵达河口沿岸时已是大眼幼体,之后变态为仔蟹。这些现象都表明,在自然海区中锯缘青蟹幼体的生长发育过程经历了从高盐到低盐的过渡。鉴于锯缘青蟹幼体随着生长发育,其适宜盐度逐渐下降的特点。在生产性育苗过程中应及时调节好适宜的海水盐度,以利各期幼体的生长发育。他们的研究还表明,Z_1、Z_5和M的幼体死亡率较高,而Z_2、Z_3和Z_4的幼体则生长较为稳定,这说明Z_1、Z_5和M对环境较为敏感,因此在育苗中应注意环境条件的控制(表2-20,2-21)。

表 2-20 不同盐度条件下锯缘青蟹各期幼体的平均蜕皮率及最终蜕皮率

盐度	15		19		23		27		31		35		39	
发育期	即期蜕皮率	最终蜕皮率	即期蜕皮率	最终蜕皮率	即期蜕皮率	最终蜕皮率	即期蜕皮率	最终蜕皮率	即期蜕皮率	最终蜕皮率	即期蜕皮率	最终蜕皮率	即期蜕皮率	最终蜕皮率
Z_1	3.3	3.3	43.4	43.4	63.9	63.9	72.2	72.2	70.0	70.0	70.0	70.0	52.8	52.8
Z_2		2.2	61.2	26.1	77.5	51.1	75.1	53.9	78.8	55.0	75.9	53.4	59.4	29.5
Z_3		2.2	72.9	18.9	75.2	40.0	90.3	48.4	85.9	47.3	79.0	42.3	67.3	20.0
Z_4		1.1	73.3	13.9	91.5	36.7	95.4	46.1	89.4	42.2	62.4	26.1	55.6	11.7
Z_5		1.1	71.1	10.0	69.0	24.5	78.2	36.1	78.9	33.4	35.0	9.5	6.7	1.0
M		0	18.2	2.2	47.6	12.3	66.5	23.9	56.7	18.9		5.0	0	0

表 2-21 不同盐度条件下锯缘青蟹各期幼体的蜕皮间期(天)

盐度	15	19	23	27	31	35	39
Z_1	9.3*	6.0	5.8	5.6	5.4	6.2	6.7
Z_2		5.5	4.8	4.8	3.9	4.2	5.3
Z_3		4.2*	4.9	4.0	4.3	4.7	4.8
Z_4		3.9*	4.0	4.1	4.1	4.9	4.3
Z_5		5.7*	5.2	4.6	5.4	5.8*	11.0*
M		9.1*	10.5	9.2	10.5	11.2*	

* 系一次试验的结果。

C. pH 与溶解氧:pH 保持在 7.8~8.6 之间,含氧量维持在 4 mg/L 以上,有利于幼体的发育和生长。

D. 氨氮:其浓度应控制在 600 mg/m³ 水体以下。

换水:育苗生产中,换水应视育苗水质的实际状况而掌握每天的换水量,表2-22仅供大家参考。

表2-22 幼体培育阶段的日换水量

幼体期别	Z_1	Z_2	Z_3	Z_4	Z_5	M	C
换水量(%)	添加	添加	20	30	50	60	100
添、换水网目	150	150	80	80	60	40	20

充气量:$Z_1 \sim Z_2$期微弱充气,池水呈微波状;$Z_3 \sim Z_5$期气量加强,池水呈微沸状;M~C期强充气,池水呈沸腾状。

吸污、换池:在育苗过程中,如果池底较脏,要用虹吸管吸底,清除脏物。必要时换池,防止泛池。

(3)光照。光照强度控制在1000 lx左右,避免直射光的照射。

(4)附着物的投放。在幼体发育进入大眼幼体后,为了减少幼体之间互相残食,可投放附着基。附着基的投放量一般2~3 m³水体投放1 m²,附着基以孔径1 mm的深色平板式结节塑料网衣制作。附着基投放的位置要求在水面以下20 cm,距池底30 cm。幼体密度过大或幼体发育不齐时,可每天将附着基上的幼体移出另池培育,使幼体发育同步,减少幼体间的自残。

(5)日常观察。水质指标的观测:如水温、盐度、pH、溶解氧、氨氮、重金属离子等应每天及时检测,并作好记录,发现超标应及时采取措施调整。

幼体观察:在育苗期间还应经常观察幼体活力、摄食、变态、体表光滑度等情况,若发现幼体异常,应及时找出原因,并采取相应措施。关于幼体的发育速度见表2-

16。

(六)幼蟹的培育

幼蟹培育,是指将天然海区捕捞的或人工培育的蟹苗(指大眼幼体),强化培育成幼蟹的过程。并可根据养殖需要继续培育成较大规格的幼蟹。

幼蟹培育可以有以下几种方法:一是在原池内培育,若密度过高,可适当捕起部分移至他池内培育。二是把成蟹养殖池分隔成小池,作为临时性的幼蟹培育池,待幼蟹生长到一定规格大小后,计数放入大池养成,再拆除临时分隔的小堤或拦网。三是在蟹池充足的情况下,选一口作为幼蟹临时培育池。待幼蟹培育到所需规格,计数分养,再将该池清池处理,即又可作为成蟹养殖池之用。四是专用幼蟹培育水泥池。具体的培育措施,主要包括以下几大环节。

1. 培育池的建造

培育池宜建在水质良好、海淡水水源方便且无污染的海边陆地,以靠近产苗区为好。交通也要便利。一般进行培育的专业户可以准备 5~6 口池,以利于分散放苗。培育池的面积不宜太大,一般为 $15 m^2$($3 m \times 5 m$)或 $20 m^2$($4 m \times 5 m$),池深 $1.0 \sim 1.5 m$。用砖块砌成,内壁光滑,并在池口向内有"反唇"装置,以防幼蟹外逃。底部铺 $3 \sim 4 cm$ 厚的细沙,并在池中放置一些棕榈片、网片、人工海藻等,供蟹苗攀附栖息。海、淡水均从池壁上方以管子通入,随时可以调节池内的海水盐度。池底有一个排水口,数池的总排水沟的一边池壁底部安装一水位调节管,以控制池内水位。

2. 清池

蟹苗放养之前,应先进行清池。新池必须事先灌水

浸泡1个月以上,旧池则洗净后用药消毒。水泥池用漂白粉(有效氯30%～35%)50～100 g/m³ 水体浸泡1小时,然后用清洁海水冲洗数遍。土池培育时,可用漂白粉(有效氯30%～35%)30～50 g/m³ 水体,先用少量水调成糊状,再加水稀释,泼洒全池,药性消失时间是1～2天;或用生石灰375～500 g/m³ 水体,可干洒,也可用水化开后,不待全冷却时泼洒,药性消失时间是10天。药性消失后即可放养。

3. 进水及池水的淡化

所有进入培育池的海、淡水,必须经过沉淀和120目或150目筛绢过滤。蟹苗阶段的盐度(3～5天内)为30～35,此后则要逐渐淡化,每天约加1/10的淡水。待大眼幼体变态成为幼蟹后,盐度可降至15～20。

4. 蟹苗放养

当蟹苗运到后,先测定池水和盛苗器内的温度。若两者温度相差太大,应进行过渡,使温差逐步减小到1℃以下,才可放养入池。放养密度为1 500～2 000只/平方米。

5. 日常管理

(1)饵料及投喂。幼蟹营底栖生活,能爬善游,食性与成蟹相同,以投喂较大的碎贝、虾鱼肉等为主,早晚各投一次或在傍晚投喂一次。日投饵量为其总体重的10%左右,并视其摄食情况而增减。

(2)水质的调控。水质指标:盐度为15～20,水温保持在30℃左右;pH为7.8～8.6;溶解氧大于4 mg/L;氨氮小于0.5 mg/L;H_2S小于0.01 mg/L。

换水:培育期间,保持水质新鲜,每天换水一次,换水量为池水的1/5～1/2。进水必须经过120目或150目筛绢过滤。

杂物及残饵的清除：每天清晨要清除残饵等有机碎屑和死苗，以免败坏水质，使苗种在良好水质条件中生长、发育。

(3) 日常观察。每天早、中、晚各巡池一次，观察水质变化，检查幼蟹的活动、摄食情况，并要注意是否有敌害以及病害发生，还要检查进、排水和其他设施状况，若发现问题，要及时采取措施处理。

(4) 培育时间。水温在30℃左右时，蟹苗生长速度最快，一般3~5天便可变态为幼蟹。再饲养12~17天，经过2~3次蜕壳，即可达到甲壳宽1 cm左右的小规格幼蟹苗，出池用于养成。若继续饲养1个月左右，便可成为壳宽2~3 cm的大规格幼蟹苗，即可转入成蟹池养殖，或出售给养成蟹者，供其放养。

(七) 幼蟹的出池、计数与运输

幼蟹出池前需将幼蟹培育水温逐渐降低至室温，先将附着基上的幼蟹提出放入水槽中，然后用虹吸管排水，待池水只剩30~40 cm时，将蟹苗由池底排水孔放入集苗箱。蟹苗计数同三疣梭子蟹，一般用重量法。

蟹苗的运输有以下两种方法：一是用帆布桶或塑料袋运输。帆布桶装苗种数量1~2 kg/m³水体，塑料袋(30 cm×60 cm)装0.1~0.2 kg。为防止运输途中蟹苗互相残食，运输容器内可装附着基。二是用箩筐或蟹苗箱(木箱)运输。在底部铺一层湿水草，摆上一层蟹，再覆上一层湿水草，使幼蟹不致碰伤。不要重叠太多，最后盖上硬框纱窗布，便于途中淋海水，以提高运输成活率。

(八) 病害及防治

在育苗期间，病害是造成幼体死亡，育苗生产不稳定

的重要因素之一。当前对病害的研究很少,应采取预防为主、防治相结合的方针。锯缘青蟹育苗期间常见的病害及其防治方法如下:

1. 预防措施

(1)在育苗期间,若育苗用水重金属离子含量偏高时,应视重金属离子的含量情况,在育苗用水中加入EDTA钠盐5~10 mg/L,以防幼体重金属离子中毒。

(2)根据水体中致病细菌数量及幼体的健康状况,在水温28℃以上时,要定期施用抗菌素来控制病原菌的繁殖。施用方法是几种抗菌素交替施用,施用浓度通常为$0.5\sim2$ g/m^{3}水体。

(3)根据水质情况要定期添水、换水,定期吸污,进水时并严加过滤。

2. 常见病害及防治方法

(1)弧菌病。是细菌性的弧菌引起幼体的病症。多发现在锯缘青蟹的溞状幼体、大眼幼体,幼蟹亦有出现,是由弧菌侵入血液而引起的一种全身性感染。患此病的幼体活动能力明显减弱,多在育苗池水的中、下层缓慢游动,趋光性变弱。幼体摄食量减少或不摄食,胃中食物少,发育减慢,体色变白,在高倍显微镜下,可以看到感染此病的幼体,在血腔内有大量的会活动的细菌。

防治方法:此病多是因环境不适,尤其营养不良,人工代用饵料用量多,水质不佳所引起。因此,预防的措施应是控制较佳的环境条件,并注意池子、工具的消毒。发生疾病时可用盐酸土霉素 2 g/m^3 水体全池泼洒,具有疗效,连续使用数日,直至病状消失为止。

据陈德胜、林义浩(1999)试验研究,使用由深圳旺业实业发展有限公司、香港旺胜生物工程有限公司提供,并指导操作的鳗弧菌、溶藻弧菌与创伤弧菌寡糖分子疫苗(简称弧菌混合疫苗)浸泡锯缘青蟹苗,对预防锯缘青蟹弧菌病有很好效果。具体方法是:把锯缘青蟹苗放入10 mg/L浓度的弧菌混合疫苗尼龙袋中(稀释疫苗用的溶液为海水淡水比1:1),充氧浸泡作用30分钟,放入池塘养殖。

(2)霉菌病。锯缘青蟹的溞状幼体及大眼幼体被链壶菌等属的霉菌侵犯。霉菌的游动孢子附着在幼体上,休眠一段时间后,向幼体内生出发芽管。发芽管膨大,发育成新的菌丝体,菌丝体在幼体内迅速生长,很快地布满幼体全身。在死亡的幼体中常可清晰地看到树状分枝菌丝。亦可见到成熟的链壶菌丝体生出细长的排放管,伸到宿主体外,其末端膨大为球型的顶囊。

防治方法:保持水质清洁,用水严格消毒。患此病时可用氟乐灵0.03~0.05 mg/L治疗。

(3)丝状细菌病。本病是由发状白丝菌感染所致。常见于锯缘青蟹的溞状幼体,大眼幼体也有发现。受感染的幼体,活动能力减弱,沉入水底导致死亡。

防治方法:此病的发生与水质污浊有关。有机物过多的水中易发此病。因此,使用洁净的海水育苗对海水进行严格消毒是预防本病的根本有效方法。

(4)聚缩虫病。聚缩虫属原生动物的纤毛虫,虫体前端呈盘状,具有纤毛的围口带呈反时针方向围绕到胞口,身体后端有一柄附着在锯缘青蟹的卵和溞状幼体、大眼幼体及幼蟹上,形成群体,一旦受到刺激整个群体会同步收缩。在水温18℃~20℃、海水盐度为13左右,聚缩虫在锯缘青蟹幼体身上会大量繁殖,严重时可超过幼体大小的两倍,使幼体漂浮于水面似白絮状。聚缩虫的附着,

不但增加了幼体负担,而且还影响了幼体蜕皮发育,严重者可使幼体死亡。

防治方法:保持水质清洁,进行卤虫卵的孵化前消毒及抱卵蟹入池时也用药物消毒是预防本病发生的有效方法。幼体一旦发生此病,要采取多换水,投喂优质饵料,水温控制在30℃左右,促使幼体蜕皮,是行之有效的办法。此外,还可在水温23℃～25℃时,用5%的新洁尔灭原液稀释为0.067%的药液,将幼体浸洗30～40分钟,可杀死大部分幼体身上的聚缩虫;也可用0.05%～0.125%甲醛浸浴幼体2小时;或用20 mL/m³水的甲醛液全池泼洒,但在1天内应进行水体交换,排除剩余的甲醛。

(5)水螅。水螅属腔肠动物门水螅纲水螅目的种类。据吴琴瑟(1992)报道,在1992年4～5月进行锯缘青蟹人工育苗时,发现水泥池壁及底部附着相当多的水螅,甚至卤虫卵壳也会附生。水螅能分泌很强的毒液,卤虫幼体放入育苗池内2小时左右,会全部下沉死亡。其对锯缘青蟹溞状幼体和大眼幼体的毒害更大,如果水螅大量繁殖,锯缘青蟹幼体会全军覆灭。目前尚没有好的防治方法。

(6)华镖溞。据赖庆生(1990)报道,在幼体培育池中,华镖溞等桡足类在适宜其生长的优越水体环境中迅速生长繁殖,形成优势种群,与锯缘青蟹的溞状幼体争饵料、争氧气、争水体,扰乱幼体安宁。凡是华镖溞等桡足类在某个培育池中占优势,则幼体培育至溞状幼体第三期都很困难。

防治方法:育苗前要彻底清池消毒,严格过滤育苗用水防止华镖溞的六肢幼体及卵囊带入育苗池。

(7)海发藻。属于硅藻类的海发藻,形似棍棒,群体呈星状或折线状,在光线充足、水质较肥的海水中,繁殖很快,其对锯缘青蟹溞状幼体危害甚大,常导致幼体的大批死亡。

防治方法:育苗用海水要经48小时暗沉淀,发现时可进行多换水。全池泼洒0.6~2.0 mg/L螯合铜也可将藻类杀灭。

二、天然锯缘青蟹苗的利用

在目前锯缘青蟹生产性全人工育苗尚未全面突破,而锯缘青蟹养殖业又发展很快的状况下,充分开发和利用天然锯缘青蟹苗资源,不失时机地组织捕捞锯缘青蟹大眼幼体,并加以强化培育成幼蟹,仍是缓解锯缘青蟹苗种短缺的有效办法和重要途径。

(一)天然蟹苗的捕捞

捕捞方法有多种。浙江沿海捕捞幼体进行培育,育成幼蟹供种苗用。但福建以南沿海难以捕到大量幼体,多数是捕捞20~50 g的蟹苗,供给养殖。

1.锯缘青蟹种苗的捕捞季节

锯缘青蟹苗种的捕捞季节因地而异,在南海沿岸从4月起几乎全年都可以捕到,例如广东东部每年有两次旺季,即5~7月和9~11月。而在我国的台湾沿海几乎全年都有蟹苗出现,但4~6月为最多。浙江在4~11月都可捕到天然蟹苗,其旺季是5~6月和8~9月。

2.捕捞方法

捕捞方法也因地而宜,而且捕捞天然蟹苗各地都有丰富经验。这里介绍几种常见方法:

(1)蟹篓结饵诱捕。这是一种专门的作业,常在内湾或河口中进行,篓由竹编成,蟹易进难逃,诱捕时把诱饵如牡蛎肉等夹在篓内,沉没海中,一段时间后提起篓取出

蟹苗,如此反复进行。此法捕的种苗强健,且方法简单方便,是一种优良方法。

(2)利用捕食习性进行捕获。锯缘青蟹涨潮觅食的现象非常明显,随着涨潮成群结队地游到贝类生长繁茂的场地取食。尤其是贝类养殖场周围刚退潮时,极易捕到蟹苗。有的地区利用退潮蟹有匿藏洞穴的习性,在潮间带蟹较多的滩涂或贝类场附近有意识地挖一些洞穴或踏上一行行脚印,第二次干潮时就能捕到大量蟹苗。

(3)网具捕捞法。网具捕捞方法有三种:一是用定置网捕捞,把网具固定在海边滩涂上,当涨潮时,蟹苗随潮水进入网内,即可捕取;二是用推辑网捕捞,在涨、退潮时都可操作,并以落潮时捕捞量较大;三是当潮水涨到岸边时,用抄网捞取蟹苗。因蟹苗有傍晚或夜间觅食的习性,所以在傍晚或夜间的捕获量多于白天,并因白天的温度高,蟹苗容易死亡。因此,一般捕捞蟹苗多在傍晚或凌晨3~4点钟进行,效果较好。

(二)天然蟹苗的选择

过去蟹苗来源充足,选择较严格,作为育肥的种苗是交配后的雌蟹及体质消瘦的雄蟹,个大,均在150 g以上。但在当前蟹苗量不足的状况下,许多地区都选择20~50 g的种苗,经2~3个月养殖,也可长成膏蟹或肥蟹。种苗经严格选择后,成活率高,而且也可以短时间内养成商品蟹。

1.种苗选择的标准

(1)体质健壮,无伤残,甲壳青绿色,活力强且不容易捕捉到,肢体完整的为质量好的苗种。质量差的种苗,甲壳深绿色或绿色,有的腹部和步足棕红色或铁锈色,步足缺损,尤其是游泳足和螯足的缺损会影响活动和觅食,其他步足不能少3个以上,若步足断了一半或部分伤者,须把剩余的一部分折断至关节处,以防它流出黏液影响水质,甚至会引起死亡。折掉的可在短期内再生出来。凡受到刺、钩、晒伤或带外伤的均不宜放养,否则死亡率高,即使幸存者,也需长时间养成。

(2)无病。辨别病蟹多从足基部肌肉色泽来看,强壮的其肉色呈蔚蓝,肢体关节间肌肉不下陷,具有弹性。病蟹则呈黄红色或白色,肢关节间肌肉下陷,无弹性,此种苗不宜养殖。

(3)剔除蟹奴。腹节内侧基常有1~2个蟹奴寄生。蟹奴卵形,体柔软,专吸寄主的营养维持生活。寄生在雌蟹体上,会影响卵巢的发育,不能养成膏蟹。寄生在雄体上,会使其格外瘦弱,不能养成肉蟹。故选种苗时应把蟹奴剔除掉。

2. 锯缘青蟹种苗的鉴别

(1)同类之间的鉴别方法。锯缘青蟹种苗本身的鉴别,通常按其性腺发育程度加以区别(表2-23)。

表2-23 雌蟹性腺成熟度的鉴别

名称	性腺发育期	甲壳两侧上缘性腺形状	腹脐上方愈合处中央圆点颜色	备注
未受精蟹	Ⅰ	性腺不明显	看不到圆点	未交配
瘦蟹	Ⅱ~Ⅲ	有一道弧形卵巢线	白色	晚Ⅱ期交配,饲养30~40天可成为膏蟹
花蟹	Ⅲ~Ⅳ	卵巢呈半月形	橙黄色	系瘦蟹饲养15~20天发育而成
膏蟹	Ⅴ	充满无透明区	红色	由花蟹饲养15~20天而成

未交配蟹：俗称蟹姑或白蟹，系未受精的雌蟹，一般个体较小，约150～200 g。主要特征是腹节呈灰黑色，在较强的光线下观察，可见到甲壳两侧从眼的基部至第九个侧齿看不出带色的圆点。这种蟹不能育成"膏蟹"，但可列入肉蟹饲养范围，若放进一定比例的雄蟹与其交配，经一次蜕壳，供给足够饵料，饲养40～50天则可养成膏蟹。

瘦蟹：俗称空母，即初交配的雌蟹，一般个体较大，约200 g以上。将它放在光线下观察，在甲壳两侧从眼的基部至第九侧齿间有一道半月形的黑色卵巢腺。另打开腹节的上方，轻压则可见到黄豆大的乳白色圆点，此蟹经饲养30～40天后，则可成为卵巢丰满的膏蟹。

花蟹：是由瘦蟹经过15～20天人工饲养逐步发育而成。其卵巢已开始发育和扩大，但未扩展到甲壳边缘上，在强光线下观察，则可见到一些透明的地方，尤如一条半月形的曲线。另外在腹节上的圆点已变橙黄色，即卵巢的形成。此蟹经15～20天的饲养可成为膏蟹。

膏蟹：又称赤蟹，台湾、福建称红蟳。是由花蟹经15～20天的饲养而成，卵巢达到完全成熟的雌蟹，甲壳两侧充满卵巢（俗称红膏），在强光线下观察已无透明的区域。腹节上方的圆点已成红色，即卵已长到腹节，有的在甲壳上也鲜艳红色。

目前广东西部和广西沿海养殖用的种苗多数是天然苗，重30～50 g。购苗时要了解种苗产地的盐度因子，以便入池前调节盐度减少死亡，雌雄放入同池养殖让其自行交配，养殖2～3个月可收获出售，但广东汕头沿海养殖户仍选购交配过、体重在150 g以上的育肥。

（2）不同类（即锯缘青蟹蟹苗与其他杂蟹苗）之间的

鉴别方法。在捕捞的天然蟹苗中,常会混有许多短尾类的幼体。除少数形状差异较大,易于分辨的杂蟹苗,如隆线拳蟹(别名和尚蟹)、豆形拳蟹、海蜘蛛、扁蟹和蟛蜞等,可以随时拣除之外,还有许多与锯缘青蟹大眼幼体形态很相似的梭子蟹类的幼体,就比较难以区别了。其中以底栖短桨蟹、远海梭子蟹为最多。这些蟹的溞状幼体和大眼幼体与锯缘青蟹的在外形上很接近,但也有差异之处。现将分别简述如下。

A. 溞状幼体的主要区别:①幼体发育期数的差异,锯缘青蟹溞状幼体期可分为5期,而远海梭子蟹和底栖短桨蟹只有4期。②颚足游泳刚毛数的差异,在最末期溞状幼体的第一、二颚足上羽状游泳刚毛的数量锯缘青蟹较多,有12+1~4根;远海梭子蟹次之,有12+1根;底栖短桨蟹最少,只有10+3根。③尾节双叉上的小棘形态和数目的差异,锯缘青蟹和远海梭子蟹显得较小而且呈弯曲状,底栖短桨蟹则只有一对(图2-13)。④背棘外观上的差异,远海梭子蟹溞状幼体的背棘长度较长,而且

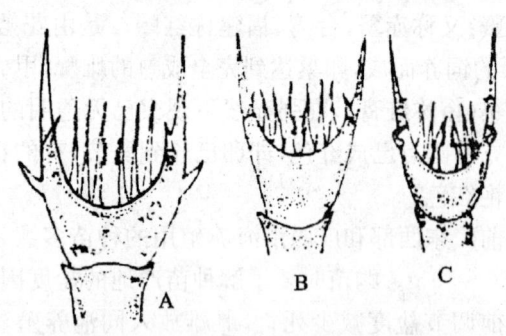

A. 锯缘青蟹小刺2对　B. 底栖短桨蟹小棘1对
C. 远海梭子蟹小棘2对,小而弯曲
图2-13　三种蟹大眼幼体尾叉的区别

与头胸部几乎垂直,在末端形成90度的弯折,当溞状幼体2期时,背刺外侧出现鲜红色素;而锯缘青蟹和底栖短桨蟹的背棘较短,没有那样的垂直、弯折及鲜红色素。

B. 大眼幼体的主要区别:锯缘青蟹、远海梭子蟹和底栖短桨蟹的大眼幼体,其形态和颜色的差异列于表2-24。用肉眼、放大镜和低倍显微镜仔细观察,就可将它们区分开来。

表2-24 三种蟹大眼幼体形态的差异(冯兴钱等)

鉴别特征	锯缘青蟹	远海梭子蟹	底栖短浆蟹
体型大小	最大	较小	最小
头胸甲外形(背面观)	尖顶、宽腹、圆壶状	与两者均有差别	三角形额部略呈三角形
体色	淡黄或粉红色略透明	黑色	较透明
头胸甲长(mm)	2.75～3.17	2.29	1.69
头胸甲宽(mm)	1.68～1.90	1.25	1.53
螯足	最大,尤其指节与掌节特别粗壮	较小	较小
末对步足的指节	扁平	扁平	不扁平与其他步足一样
腹甲棘*大小(μm)	30×26	10×26	无

*腹甲棘为头胸部左右末端延长部分,呈大角一对。

第五节 锯缘青蟹养成技术

将不同规格的幼蟹(或大眼幼体,但需经中间培育成幼蟹)养成商品蟹或成蟹的过程称为成蟹的养殖。锯缘青蟹的养殖形式多种多样,目前通常以池塘养蟹为主,此外还有围栏、围网、水泥池养殖等多种方法。

一、池塘养殖

(一)养殖场地的选择

选择锯缘青蟹养殖场地,必须根据锯缘青蟹生态习性的要求,尽可能地创造一个冬暖夏凉的栖息环境和优越的生长、发育生态环境。同时,也应具备为生产经营提供便利的条件。

具体来说,锯缘青蟹的养殖场应选择风浪较小的内湾,海水交换良好,潮流畅通,海水比重适宜,不受工农业污染的影响,主要水质指标符合渔业水质标准。同时淡水水源充足,交通便利,蟹苗来源方便,鲜活饵料充足的场地均可进行锯缘青蟹的养殖。但需要注意以下几点:

(1)选择风平浪静,潮流畅通,地势平坦。有排淡排洪条件,施工方便,工程量小的内湾浅滩或港道两侧;

(2)池底高程相当于中潮区的潮位,纳潮后水深能保持1.5 m以上;

(3)底质以泥沙为佳,若池底泥多,应加粗沙或碎贝壳,改良土壤;

(4)海水比重经常保持在1.010~1.020,不受陆地地下渗透水的影响;

(5)附近没有农药厂、化工厂,不受工业污水情况的影响;

(6)低值鱼、虾、贝类来源丰富,交通方便,有电力供应。

(二)养成池的建造

1.面积

一般以1~3亩为宜,若面积过大,排灌水困难,且需大量人力、物力。台湾省蟹池小的多数是350 m²,一般1~4亩。目前苗种主要来自天然捕捞,数量有限,规格质量各不相同,养成的时间也不一致,因而要按不同规格分池饲养,面积过大,种苗不足,既浪费水面又难于收获。当前不少地区利用闲置的对虾养殖池养殖锯缘青蟹,面积20~30亩。

2.蟹池的构造

蟹池可分单塘、双塘和田字形。一个池一个闸门的称单塘。两池相靠三个闸门,其中一个闸门互通两个塘的叫双塘。四个池连成田字形称为田字形塘。具体来说,一口锯缘青蟹池一般由堤坝、闸、滩、沟、防逃和防斗设施等部分构成。

(1)堤坝。堤分用水泥与石块砌成或土壤堆积成的两种,土壤结构的堤,要宽大些,要经得起风浪冲击,在堤面内侧与堤垂直密集地插入30 cm长的竹箔(插入泥中约10~15 cm)或用沥青纸顺堤边围起来,防止蟹外逃。用水泥石块砌成的堤,垂直砌就行了。

(2)闸。指水闸,是池塘进、排水的口子,它的作用是控制水位、交换水体、调节盐度、放水收蟹和阻挡敌害等。闸门可用水泥和石块砌成,若2亩大小蟹池,闸门宽70 cm,高140 cm,闸门应设在港中水沟处,灌水能直接从沟中入水,闸门要求坚固耐用,尤其外闸门要能抗台风的侵袭。闸板用木料制成,可联成一块或几块,在闸门内要设竹篱笆或聚乙烯网,防蟹外逃。福建省的池塘进口处有一个深水池,水深3 m以上,供蟹避暑。

(3)滩。滩系指池底,是锯缘青蟹活动与栖息的场所,池底的形状有平底、斜底和锅底3种。其中以锅底形的效果最好,但也有略向排水方倾斜的。其比降为1/200～1/300。小型池塘则为倾斜度较大的斜底和向池中心的锅底。锅底的坡度为20度,池中央挖有一个长2 m、宽1.5 m、深0.4 m的水坑,并有一宽0.6 m、深0.14 m的水沟通到排水闸门。

(4)池沟。池沟即能疏通水流,又可供锯缘青蟹躲寒避暑,还有利于避免或减少锯缘青蟹的互相斗殴。沟与滩的面积比例以1∶3左右为宜,池沟的壁要有一定坡度,沟底平整,并朝排水方向倾斜。

中央沟:是池的主沟,进排水闸分设时,中央沟由进水闸通排水闸,并与环沟、支沟相通。中央沟深一般为0.5 m以上。

环沟:是沿着池堤开挖的一条沟,为了保护堤坝,沟与堤坝基间应留有一定距离,一般3～6 m。环沟有时可代替主沟。

支沟:支沟是连通中央沟和环沟之间的水沟,其宽度为中央沟的一半。一般蟹池均无支沟。只有面积很大的池塘才有支沟。

3.防逃设施

锯缘青蟹在水质条件不良,即不适宜其生长、生存时,会爬登堤岸越池逃逸,因此,必须在池堤四周内侧及进、排水口处设置防逃设施。目前常用的防逃材料有塑料片、水泥板、竹篱笆、网片、油毛毡和玻璃钢板等。在砖石结构池堤的上缘内侧,应设有伸出约20 cm的反板;土堤则用竹篱笆、塑料片、水泥板等作为防逃设施,效果较好。在闸门处,除闸板网防逃外,另在闸门内再设一道篱笆,以提高防逃效果。

用塑料片做防逃设施时,应注意以下事项:

(1)塑料片的厚度应在 0.4 mm 以上。太薄则经受不住风吹日晒及雨淋等自然侵袭。

(2)宽度一般为 50～70 cm,视贴敷的方式而定。采用紧贴堤坡的方式设置时,塑料片宽度应为 60～70 cm,塑料片下缘埋土 10 cm,外露 50 cm 以上,此方式抗风能力较强。若采用垂直式贴敷,50 cm 宽的塑料片就可以,塑料片垂直外露 40 cm 能防止锯缘青蟹外逃。但垂直式易受强风吹刮而使塑料片受到损坏。

(3)塑料片每隔 30～40 cm,用竹筋夹住固定于堤坝边。

(4)塑料片的颜色以白色或乳白色为佳。

(5)塑料片的下缘必须与堤壁坡面紧贴,并压盖一些黏土。若有空隙,锯缘青蟹会由此处逃跑。

(6)塑料片上缘的高度,一般在蟹池最高水位线之上。

水泥板防逃效果好,且经久耐用,但其一次性投资较大,并因直立式贴堤,因此,在强风暴雨下要特别注意防止水泥板的倒塌。

竹篱笆作为防逃材料时,应采用直径 2 cm 左右的光滑小竹,不宜使用剖开的篾条,因篾条表面粗糙有棱角,锯缘青蟹易攀爬。竹篱笆既可设置成与堤坝平行,即篱笆下端插入堤基,上端高出池水面 50 cm 以上,编连的横绳间距应大于 25 cm;也可把竹条密扎插在土堤内侧上方,与堤身垂直,用塑料绳编连好,并每隔 1 m 左右用木桩或毛竹加固。

还有的用聚乙烯网片作防逃材料。方法是每隔 2 m 左右深插一根竹竿,用以支撑网片,网的下缘埋入堤坝内基,上缘设置向池内折成宽 30 cm,夹角 45 度的倒刺网。

此外,台湾省还采用直径 5 cm 以上的塑料管,平行于堤顶,并贴靠于堤顶的稍下方,或在堤岸上用水泥瓦垂直竖立埋入堤基 7 cm 左右;或在池壁上缘设置反板等方法作为防逃设施。

4. 防斗设施

为减少锯缘青蟹相互殴斗而造成的损伤,在蟹池中应设置一些障碍物和隐蔽物等作为防斗设施。

(1)障碍物。在蟹池的滩面或沟中,用小竹枝或树枝排插成数行梅花桩、直线桩等障碍物。桩距 20～50 cm,桩数视情况而定。可减少锯缘青蟹殴斗的机会,避免不必要的损伤。

(2)隐蔽物。根据各地的经验,在池内放置空心陶罐、陶管、水泥箱、缸片或薄石板架,建造人工洞穴和蟹岛等做隐蔽物,以供锯缘青蟹栖息活动和蜕壳时隐蔽,对防止殴斗,减少相残有明显的效果。隐藏物既可增加锯缘青蟹栖息和活动空间,又可减少其相遇的机会,还可使锯缘青蟹逃避缺氧或水质不良等情况,锯缘青蟹还可登上"蟹岛"和露水滩生活。

(三)放养前的准备工作

1. 池塘的清整

池塘的清整主要包括清池和除害两项工作,即指清除池内一切不利于锯缘青蟹生长和生存的因素。主要清除对象有机沉积物、捕食锯缘青蟹的生物、争食生物、破坏池塘设施的生物及致病生物。清池除害彻底与否,是锯缘青蟹养殖能否获得稳产高产的必要措施之一。

(1)清池。清池即清除淤积于池中的残饵、锯缘青蟹排泄物、生物尸体等有机物,因这些有机物是造成蟹池老化和低产的原因之一,大量的有机物在冬季分解很慢,翌

年进水后随着水温的升高,便大量分解,既消耗大量溶解氧,又产生各种有毒物质,轻者影响锯缘青蟹的生活和生长,重者则可造成锯缘青蟹的死亡。因此,老的养成池,尤其是养殖密度较高的池塘,最好是每茬养殖都进行一次清淤工作。

具体方法:当锯缘青蟹收获之后,应敞开水闸,让海水反复冲洗池塘,洗去池内的有机沉积物和沟底的淤泥。然后排干池水,封闭闸门,曝晒池底,使残留的有机物进一步氧化分解,污染程度较严重的精养池,应组织人力或使用吸泥泵,将淤泥挖出池外。

在清淤的同时,还应进行池塘的维修工作,比如:修理堤坝、闸门和防逃设施,清整池底和沟渠,堵塞漏洞等。

(2)除害。主要是清除池内有害的致病生物、捕食性生物、争食性生物及其他有害生物。清除敌害生物的主要措施有三:一是收蟹后将池水排干,封闸曝晒,冰冻一冬,让各类生物基本死去;二是翌年注水时,闸门设置严密的滤水网,防止有害生物进入池中;三是在蟹苗放养前,进行药物清塘来杀死敌害生物。用于清塘的药物有许多种,现介绍几种常用药物清塘方法,供养殖者根据当地敌害情况选择使用。

生石灰:石灰不仅能杀死鱼类、杂虾、寄生虫及微生物,而且可改良池塘底质,增加水中钙离子的含量,促进锯缘青蟹蜕壳生长。每立方水体用量为 $375\sim500$ g(但实际生产中,由于石灰质量下降或其他原因等,用量要比此数值大得多),可干撒,也可用水化开后不待全冷即全池泼洒,休药期为 10 天。

漂白粉:漂白粉对于原生动物、细菌有强烈的杀伤作用,既可预防疾病,又可杀死鱼类等敌害生物。使用时先加少量水调成糊状,再加水稀释泼洒,用量是每立方水体加入含有效氯32%的漂白粉30～50 g,并可用该液泼撒到干露的池面上。休药期为5天。

茶籽饼:主要杀伤鱼类及贝类等,使用时将茶籽饼粉碎后用水浸泡数小时,按每立方水体15～20 g的用量,连水带渣一道泼撒,1～2小时即可杀死鱼类。休药期为2～3天。

鱼藤根:鱼藤根中含有的鱼藤酮对鱼类有强烈的毒性,而对甲壳类毒性却很小。使用前把鱼藤根浸于淡水中。每立方水体用鱼藤根4～5 g,(干重),休药期为2～3天。

氨水:高浓度的氨水可杀死鱼类及致病生物,并有肥池的功用。用量是每立方水体施氨水250 mL,稀释泼洒。休药期为2天。

药物清池时应注意以下几点:清池应选择在晴天上午进行,可以提高药效;清池前要尽量排出池水,以节约药量;在蟹池死角,积水边缘,坑洼处,洞孔内及水位线以下池堤亦应洒药;清池后要全面检查药效,若在1天后仍发现活鱼,应加药再清,注意药性消失时间,并经试验证实池水无毒后再放养锯缘青蟹。

2. 进水及饵料生物的繁殖

初次进水一般在放苗前30～50天,采用60目锦纶锥形网。池水要少量多次添加,逐步达到60～80 cm,应根据当地水质情况确定是否需要施肥。以透明度保持在40～60 cm为宜。

池塘进水后,最好施肥培育生物饵料,饵料生物的种类主要有:单细胞藻类、沙蚕、螺蠃蜌、钩虾等。若施化肥,每亩施氮肥1.5 kg、磷肥0.5 kg。

(四)蟹苗的放养

1.放养方式

借鉴对虾养殖方式的划分法,锯缘青蟹的养殖方式也可分为粗养、半精养和精养三种。

(1)粗养:是一种较落后的广种薄收的生产方法,面积一般10公顷以上,在养殖过程中不投饵,依赖水域的天然生产力,达到生态平衡,故产量低。过去南方沿海少数地方有此养殖方式,近年已趋于绝迹。

(2)半精养:又称人工生态系养殖法。面积一般为2～3公顷,基本原理是通过清除敌害生物,促进饵料生物的繁殖,合理放苗。改善水质,创造一个适于锯缘青蟹生活和生长的生态环境。另外,补充适当的投饵,以充分发挥和提高池塘的生产能力。这种养殖方式由于清除了敌害生物(特别是捕食性生物),移入适合于在池内繁殖的饵料生物(如蓝蛤、短齿蛤等壳薄的小贝及沙蚕和一些小鱼、虾),有利于改善池内生态环境,故养殖产量较高,经济效益较好,值得提倡。目前,虽与人工生态系养蟹法不完全一样,但也有某些相似之处。混养品种即是池塘养殖的对象,还对综合利用池塘水体,改善生态环境,提高饵料利用率,减少锯缘青蟹病害发生和提高经济效益均有明显的效果;有时又是锯缘青蟹摄食的对象(饵料生物)。

(3)精养:是以人工投饵为主,用低值蛋白质换取高价蛋白质的生产方式,是当前我国锯缘青蟹养殖采用的主要方法。面积一般在0.7公顷以内(多为0.2～0.4公顷)。其放养密度较大,养成期间技术比半精养更严格,需彻底清池除害,投喂优质、充足的饵料,调整水质,换水率高,故产量较高。一般生产水平的产量在100千克/亩左右,高者可达 200～300 kg。池塘精养除普通的池养外,还有池内栏养、池内笼养和池内罐养等形式。一般大的蟹池,可采用竹篱笆或网片等做围栏材料,将其分隔成多个水池,便于雌雄或不同规格苗种的分养,以减少互相残杀引起的损失;较大规格的锯缘青蟹,也适宜笼养或罐养。将笼、罐排列于池的滩面,每个笼放养锯缘青蟹 1～2 只,此种方法管理工作较费时,但锯缘青蟹生长快,成活率高。

2. 蟹苗的来源和选择

(1)蟹苗的来源。蟹苗的来源有二:一是全人工育苗得来的大眼幼体,经中间培育成适宜规格的幼蟹放养;二是从自然海区捕捞的蟹苗或幼蟹。

(2)蟹苗的选择。天然蟹苗的捕捞方法及选择标准见本章第四节锯缘青蟹的苗种生产中的天然蟹苗的利用。

3. 放养密度

锯缘青蟹的放养可分为单养和混养两种形式,此处讲是锯缘青蟹单养时的放养密度,而混养时的放养密度在后面的锯缘青蟹混养技术中再另行介绍。

锯缘青蟹养成的放养密度,应根据各地的水温、换水条件、饵料供应状况、管理技术水平等合理确定。若放养密度过大,会因拥挤易发生互相钳斗,引起伤亡,放养密度过小则浪费水体。合理的放养量,不仅可减少互残,提高养成率,且能降低养殖生产成本。规格 508/只以下的苗种一般当年养成的放养密度为 1.5～4.5 只/平方米,即每亩放养 1 000～3 000 只为宜,秋季以后至翌年的 3 月,水温较低,透明度大,可以多放,每亩放苗 1 500～5 000 只。如果水质条件优越,新鲜饵料充足,可适当加大

放养密度,反之应适当减小放养密度。台湾省是每平方米放3只,菲律宾养锯缘青蟹与遮目鱼混养,放养密度较稀,每平方米0.35~2.5只,泰国每平方米放1只锯缘青蟹。

4.放养时间

锯缘青蟹放养时间因地而异。广东、广西等省沿海从4~5月和7~8月开始放苗,一年可养殖多茬,有采取轮捕轮放,捕大留小的措施,全年进行养殖,但其放养旺季是5~7月和9~11月。

台湾沿海多在4~5月和7~8月间,在农历3月以前所捕到的蟹苗个体较小,且此时水温尚低,故不适于放养。

上海地区的放养旺季在端午和立秋以后。

浙江沿海每年4~11月都可在海区捕到天然蟹苗,但幼蟹集中出现是在6月底至7月中旬和9月中旬至10月上旬,第一批苗(俗称夏蛑),宜在7月中旬前放养,7月下旬后,必须提高放养苗种的规格,4~5月是锯缘青蟹养殖的旺季。以利当年养成较大规格商品蟹和发挥轮捕轮放、挖掘蟹池的生产潜力,有的在第一茬锯缘青蟹收获后,第二茬又进行锯缘青蟹育肥。第二批蟹苗(俗称秋蛑),当年不能养成商品蟹,可进行越冬养殖,其放养时间是9~10月份,经越冬至翌年,再养殖3~4个月,即可使锯缘青蟹达到商品规格。若越冬养成放苗数量不足,可在第二年4~5个月再收购体重50~100 g的蟹苗补放。

(五)养成管理

1.饵料及投喂

(1)饵料种类。锯缘青蟹以肉食性饵料为主,尤为喜食贝类和小型甲壳类,但有时也摄食一些植物性的饵料。

常用的饵料有蟹守螺（丁螺）、红肉蓝蛤、短齿蛤、褶牡蛎、淡水螺蛳等小型贝类以及小杂鱼、虾蟹等。也可投喂锯缘青蟹人工配合饵料，其配方如表2-25，结果如表2-26、2-27。

表2-25 锯缘青蟹配合饵料配方

配方号\原料含量(%)	豆饼或花生饼	螺蛳或蓝蛤肉	小蟹	小鱼虾	活性污泥	面粉	麸皮	维生素	生长素	虾糠	酵母	食盐	海带根
东海所—Ⅰ	40	35	5	5		3	11.5	0.05				0.5	
苍南所—Ⅰ	40	30	3	5	10	6	4	0.03			2		
苍南所—Ⅱ	40	30		5	5			2	10	3			5

表2-26 配合饵料喂养锯缘青蟹的效果*

池号	投喂饵料	放养（9月1日）			出池（10月31日）			平均增重(g)	生长率(%)	成活率(%)
		数量(只)	壳宽(mm)	体重(g)	数量(只)	壳宽(mm)	体重(g)			
1	配饵1号	15	52.1	28.07	10	67.6	57.3	29.23	73.0	66.7
2	配饵2号	15	50.7	23.77	12	65.9	50.5	26.73	66.8	80.0
3	河鳗饲料	15	53.3	31.01	11	68.9	64.45	33.44	83.5	73.3
4	沼潮蟹	15	55.7	38.1	13	71.3	78.14	40.04	100	86.7

* 试验在4个室内水泥池中进行，池规格为 2.73 m × 1.62 m × 1.4 m

表 2-27　配合饵料与鲜饵搭配喂养锯缘青蟹的生长情况[*]

（赖庆生，1986）

编号	投饵搭配	平均体重(g)		增重(g)	净增重率(%)
		放养(10月15日)	检查(10月26日)		
1	鲜饵：配饵=7：3	128.3	143.5	15.2	11.85
2	全鲜螺蛳肉	100	139.8	39.8	39.8
3	鲜饵：配饵=4：6	108.7	118.6	9.9	9.1
4	鲜饵：配饵=4：6	122.4	130	7.6	6.2
5	全鲜螺蛳肉	86.4	97	10.6	12.3
6	全鲜螺蛳肉	114.9	132.16	17.3	15.0

[*] 1～2 号为室内试验组，水泥池规格 2 m×4 m×0.7 m，每池放锯缘青蟹 6 只。3～6 号为室外试验组，把规格为 0.3 m×0.35 m×0.25 m 的塑料周转箱，放在蟹池中，每个箱放试验蟹 4 只。

由表 2-26、表 2-27 可以看出，使用人工配合饵料养殖锯缘青蟹是可行的，锯缘青蟹均能正常地生长发育。目前能应用于生产的人工配合饵料种类很多，有的是利用虾类或其他蟹类的饵料配方加以改进，针对锯缘青蟹各个生长阶段不同的营养需求而开发的饵料，还有待进一步的研究。

实践证明，用椎螺、红肉蓝蛤和牡蛎做饵料饲养效果很好。每年 8～9 月椎螺很肥，锯缘青蟹很爱吃，喂椎螺，锯缘青蟹卵巢成熟很快，肌肉肥满，质量好。蓝蛤 1 年 4 季均可捕获到，又可以人工护养，产量高，贝壳薄，锯缘青蟹可以连壳吃下，不必捣碎。可将鲜活蓝蛤放入蟹池内，可以存活一段时间，使锯缘青蟹随意觅食。以小杂鱼为主要饵料时，应配投适量的小蟹、小虾等甲壳动物饵料。

总之,锯缘青蟹对饵料种类要求不是很严格,各地可根据实际情况选择种类,充分利用当地数量较多、价格低廉的小杂鱼、虾、贝做饵料,但饵料要求新鲜,否则会影响锯缘青蟹的健康,亦会污染水质。

(2)投饵量。锯缘青蟹养成期投饵的数量,应根据水温、潮汐、水质和锯缘青蟹的活动情况灵活掌握。锯缘青蟹在水温15℃以上时摄食旺盛,至25℃达最高峰,水温降低至13℃以下时,摄食量大大减少,至8℃左右停止摄食,水温超过30℃摄食量也降低。浙江沿海5~6月份和9~10月份水温适宜,锯缘青蟹摄食增强,应多投饵;7~8月份水温偏高,5月以前和10月以后水温偏低,锯缘青蟹摄食均不旺盛,应减少投饵。

锯缘青蟹在大潮或涨潮时,摄食较多,应多投;小潮或退潮后摄食较少,应少投;大潮汐、换水后,水质好,摄食增强,投饵量甚至可增加1倍;若遇雨水多、池水混浊或天气闷热,食量下降,要适当减少投饵;天气寒冷,水温降低到10℃左右,锯缘青蟹少活动、少觅食,要少投或不投饵。

锯缘青蟹摄食量还因其发育阶段而有所差异,一般是随着个体的生长而逐步增加,但日摄食量与自身体重之百分比则随锯缘青蟹体重增加而下降。一般来说,日投饵量(以动物肉鲜重计)与锯缘青蟹甲壳宽、体重的关系为:甲壳宽3~4 cm,日投饵量约占体重的30%左右;5~6 cm为20%左右;7~8 cm为15%左右;9~10 cm为10%~12%;11 cm以上为5%~8%。

还据报道,以小杂鱼为饵时,锯缘青蟹在25℃时的摄食量为体重的10%左右,通常杂鱼投喂量为锯缘青蟹体重的5%~7%。

全池的日投饵量可根据池内锯缘青蟹的平均个体重、个体数或成活率进行计算,而平均个体重、锯缘青蟹数量或成活率,则是凭日常观察、取样测定和养殖生产经验来估算的。为便于统一比较和生产管理,各种饵料最好将可食部分折算为干重量,以下折算比率可供参考:配合饵料1:1;杂鱼虾2.5:1~3:1;蓝蛤(带壳鲜重)6:1;鸭嘴蛤、杂色蛤等8:1;贻贝10:1;螺蛳12:1。

在确定投饵量时还应注意:投饵前要全面检查锯缘青蟹的摄食情况,观察水质、气候等环境条件,然后酌情增减。避免因投饵过多而造成饵料浪费和水质恶化,或因投饵太少而影响锯缘青蟹的生长发育和引起同类相残,最佳的投饵量是以吃饱而不留残饵为限。

(3)投饵方法。饵料质量及处理:要确保饵料新鲜,不投变质腐败的饵料,以免影响水质和锯缘青蟹的健康。小鱼虾可直接投喂,如大的鱼虾须切碎后投喂;壳厚的螺或蛤类要打碎后才能投;壳薄的小贝,如红肉蓝蛤、寻氏肌蛤等可投放鲜活的,这样可使锯缘青蟹能随意觅食,并可避免因吃不完而影响水质。

投饵位置:饵料要均匀地投放在蟹池的四周边滩上,不能投在池的中央,避免蟹为了摄食而争斗引起死亡,同时也便于检查饵料的摄食情况及清除残饵。实践证明最好在池边设几个食台,以便更好地调整确定投饵量。

投饵时间:根据锯缘青蟹昼伏夜出觅食的习性,每天分早、晚两次投喂饵料,时间最好在早晚涨潮后水温较低时投喂,清晨投喂日投饵量的20%~40%,傍晚再投喂60%~80%(红肉蓝蛤可一次投放)。利用围栏、瓦罐等方式养锯缘青蟹,可以利用潮差投喂,可在低潮期或初涨潮时投喂,池内笼养的可通过投饵孔单独喂养。若投配合饵料,每天需分3~4次投喂。但投喂时应注意:在高温期忌中午投饵,且每次投饵分两次投喂,使强弱的蟹均有得到摄食的机会。

2.水质调节

良好的水质环境是锯缘青蟹正常生长发育的基本保证。锯缘青蟹一生要经过多次蜕壳才能长成,蜕壳活动多在清晨或后半夜进行,若池水清新,溶解氧量高,只需10~15分钟就完成蜕壳;但如果水质条件较差,或受到外来因素干扰,蜕壳时间就要延长,有时可长达30小时之久,甚至蜕壳不遂而死。由此可知,水质环境良好与否对锯缘青蟹的成长具有非常重要的意义。

(1)锯缘青蟹养成期的水质指标。水温:锯缘青蟹生长的适宜水温为15℃~30℃,最适水温为18℃~25℃,低于12℃或高于32℃均对蟹的生长不利。

盐度:锯缘青蟹对盐度的适应范围较广,在2.6~33之间均能较好地生长发育和进行交配,最适盐度为13~27,由于我国海岸线长,不同地区的锯缘青蟹对盐度的适应范围也有所不同,比如:广东、广西锯缘青蟹对盐度的适应范围为13.7~26.9;台湾为10~30;上海为5.9~8。因此,各地应因地制宜的将盐度保持在锯缘青蟹最适范围内。但锯缘青蟹对海水盐度突变的适应能力较差,应特别注意。

pH:即酸碱度,是一个反映池水理化性质的综合指标。pH的下降,就意味着水中二氧化碳的增多,酸性变强,溶解氧含量降低,在这种情况下就可能导致腐生细菌的大量繁殖;若pH过高,则会使水中氨氮的毒害作用加剧,影响锯缘青蟹的生长。养成期池水的pH保持在7.8~8.4之间较适宜。

溶解氧:是锯缘青蟹赖以生存的最基本条件之一,池水中溶解氧的含量直接影响着锯缘青蟹的生活和生长。实践证明:养成期池水的溶解氧大于 3 mg/L 时,锯缘青蟹才能较好地生活。因此,在溶解氧量不足时要采取多换水和开动增氧机的办法增加溶解氧量。在蟹池中混养一些江蓠,可起到遮阴和增加池水溶解氧的作用。

透明度:是指光线透入水中的程度(深度)。蟹池中的透明度反应了水中浮游生物、泥沙和其他悬浮物质的数量。养成期池水的透明度以 30～40 cm 为宜。透明度太小或太大对锯缘青蟹的生活均不利。测定透明度通常使用透明度板(沙氏盘),是由木板或铁板或锌板制成的直径为 30 cm 的圆盘,上面漆成黑白相间的 4 块,中央设孔,用于穿吊木杆或铁杆或绳索。将圆盘沉入水中,至肉眼看不见此盘时的垂直深度即为池水的透明度。

在养成期氨氮含量要保持在 0.5 mg/L 以下;H_2S 在 0.1 mg/L 以下;COD 在 4 mg/L 以下。

(2)添、换水。在养殖初期主要向养殖池内添加水,逐渐将水位加到 1.5 m 左右,然后再视水质情况酌情换水。

换水是改善水质环境最经济而有效的办法。通过换水,可带走蟹池中部分残饵和排泄物,有利改善底质;可刺激锯缘青蟹蜕壳,加速其生长;还可以起调节池水盐度、水温和增加水中氧气的作用。因此,在锯缘青蟹养成期间要做到勤换水,一般每隔 3～4 天换水一次,每次换水量为池水的 20%～40%,其中小池要天天换水。若遇天气不好时,可适当延长换水的时间,但避免过长,以免水质变坏。换水时间最好在早晚,避开阳光强烈的中午,以防换水温差太大。大潮汛时应彻底换水 1～2 次,小潮汛则以添加水为主,以保持水质新鲜,池水对流,促进锯缘青蟹蜕壳生长,换水时不要排完池水,应保持20~30 cm的水深,否则进水时会将泥底冲起,时间稍长会使锯缘青蟹窒息死亡。进水时水流也不能太猛,以免增加水的混浊度。从闸底排水既能多换底层水,又可扩大水体交换能力,效果很好。

(3)控制水位。池内的水量不足,则含氧量低,水温变化也大,对蟹的生长是不利的,因此必须保持足够的水量,为锯缘青蟹创造一个冬暖夏凉的环境来适应其生活和生长。不同季节,锯缘青蟹对水深的要求也不同,冬季一般在退潮时水深保持30~50 cm,涨潮时水深应保持在1 m以上;寒潮来临时要再提高水位;夏天炎热时水深应增至1.5~2.0 m。若放养量多时,水深要相应增加。

(4)污物及腐败物的清除。为防止池内污物、残饵及排泄物等败坏水质,要及时将其清理排除。除在巡塘时随时捞取外,还可在退潮时,把池水充分搅混,让腐败物悬浮于水面,开启闸板,使之随水流排出池外,然后待涨潮水位高、海水较清时再注入清新海水。

3. 其他管理工作

(1)注意天气变化。天气突变对锯缘青蟹的威胁很大,特别是暴雨时,池内盐度突变,有时会造成全池的死亡。因此要经常注意天气的变化,控制一定的水深,以保证锯缘青蟹的正常生长。

(2)坚持巡池检查和日常观测。为了及时了解和掌握锯缘青蟹的养殖情况,必须坚持每天早、中、晚巡池检查制度。包括:

检查堤坝、闸门和防逃设施有无损坏,若发现有破损,要及时修补,以免逃蟹。

观察池塘水色、水位、池边四周的病蟹和锯缘青蟹的活动、摄食情况,一旦发现异常,应立即采取相应措施。

定时测量水温、溶解氧、透明度、盐度、pH 值、氨氮、H_2S 等水质指标,并做好记录,若有超标现象,应及时采取措施来调整。

定期测量锯缘青蟹的生长情况,一般 10~15 天测量 1 次,包括甲长、甲宽、体重等,以便为今后更好地进行锯缘青蟹的养殖积累经验。

(3)防止互相残食。锯缘青蟹性凶好斗,常发生互相残食的现象,尤其是在蜕壳期间常遭遇强者残食或伤害,这是造成养殖成活率低的原因之一。其预防措施为:①投足饵料标准,饵料不但要投足,而且每天早晚的投饵还要再各分 2 次投喂。使身体强者和弱者均有饱食的机会,以免因争食或饥饿而引起互相残食。②人造隐蔽物,在蟹池中预先放入陶管、水泥箱、塑料管、小木箱、竹笋、缸片等隐蔽物。锯缘青蟹在蜕壳前夕会自寻隐蔽阴暗之处躲藏,避免或减少强者(硬壳蟹)残食,待新壳硬化后才出来活动。这是提高锯缘青蟹成活率的有效办法。

(4)间隔毒池。当锯缘青蟹池中发现有敌害鱼类时,可用 15~20 g/m^3 水体的茶籽饼毒池,不但能在不伤害锯缘青蟹的前提下杀死鱼类、杀灭病原体,又可刺激锯缘青蟹蜕壳生长。每隔半月施用一次。并注意施放茶籽饼毒池后 3 小时左右加注海水,冲淡茶籽饼浓度,以利锯缘青蟹生长。

(六)大眼幼体的池塘(土池)养成

严格地说,蟹苗应该是指大眼幼体,许多短尾类的养殖都从大眼幼体养起,如中华绒螯蟹的养殖就是如此。从锯缘青蟹大眼幼体的生物学特征来看,由于钳状螯足和爪状步足已经形成,使它增强了自我防御能力,而且能爬善游,同时由于鳃的出现使其呼吸系统更加完善,能在短时间内离水时利用空气中的氧气,这有利于蟹苗的长途运输,因此,锯缘青蟹的大眼幼体完全适宜作为集约式池塘养成的苗。但是,受传统习惯的影响,养殖户对大眼幼体直接养成商品蟹的这种养殖模式不敢问津,甚至误认为没有养殖效益。传统式养蟹(指放养幼蟹)周期短,相对风险低,技术成分少,而新的养殖模式(指放养大眼幼体),养殖周期相对较长,技术要求较高,风险性大,但是经济效益要好。

大眼幼体的池塘养成,在放苗前要将池塘消毒清除有害的生物,并繁殖好基础饵料生物。因大眼幼体趋光性强,常常聚集于有光线的地方,放养于池塘的前几天应尽量减少池边光源,以免造成局部密度过高,引起自相残杀。一般情况3天后幼体开始底栖,钻沙,5~7天后变态为第一期幼蟹。

大眼幼体的池养密度一般为:锯缘青蟹单养,一次性放养大眼幼体苗每平方米 4.5~7.5 只,如果采取大量出售寸蟹苗以及成蟹捕肥留瘦的轮捕方法,其放苗量可大幅度提高到每平方米 15~45 只;以草虾等虾为主虾蟹混养,虾苗为每平方米 9~12 尾,大眼幼体苗数每平方米 1.5~4.5 只;虾蟹并举的混养,锯缘青蟹大眼幼体苗每平方米 3.0~4.5 只,草虾苗每平方米 4.5~7.5 尾。

养成过程中的其他养殖技术参照第五节的养成管理。

(七)收获与运输

体重 30~50 g 的锯缘青蟹种苗,经 2~5 个月的养殖,均可达体重 200 g 以上(国内市场最受欢迎的是体重

250~300 g 的个体)的商品蟹,便可收获。

1. 收获的时间

成蟹的收获时间,因各地气候及市场销售情况而异。广东、广西多采用轮捕轮放的形式,即有达商品规格的蟹就收获,并同时再放养苗种;福建沿海一般在 9~10 月收获;浙江沿海多在 10 月中旬前后收获,浙江南部要求在立冬前起捕,最迟也不超过小雪。若是雌、雄分养,可在收获前半个月至 1 个月选池交配而育成膏蟹,以获更高价格。在收获时未达到高品规格的锯缘青蟹,则可继续留池饲养、越冬,到次年 3~4 月可收获,也可以向后拖延,以便养成更大规格的蟹或膏蟹。纵览各地情况,菜蟹一般在 9~10 月收获,而膏蟹则在 10~12 月收获。

2. 收获的方法

锯缘青蟹的收获多数是采用轮捕轮放的方式,即边收获达到商品规格的蟹,边放种苗,即使一次放苗,也有大小之差,收获也难于几天内结束。常使用的收获方法有下面几种:

(1)根据锯缘青蟹在涨潮时溯水聚集到闸门附近,企图逃跑戏水的习性,可采取抄网、捞网和笼捕的方法捕获。

抄网法:锯缘青蟹在闸口戏水,用长柄手抄网捞起膏蟹或肥蟹。亦有锯缘青蟹夜间在池边戏水,也用此网捕蟹。

捞网捕法:捞网是一个用竹框和网片构成的方形并有一把手的网具。它的大小随闸门的大小而定。当涨潮时,蟹随潮流逆水集中在闸门口处入网,将捞网提出水面,再将蟹倒入木桶中,这种捕捉方法效率较高。

笼捕法:捕蟹笼用竹篾编成,呈长方形,其高度和宽度与闸门的高、宽相等。涨潮时将蟹笼放入闸门处,然后打开闸板,放水入池,蟹即逆流而来进入笼中。等笼中装满蟹或者平潮后,方将蟹笼提起而捕获。注意在起笼前要先关好闸门。

(2)根据锯缘青蟹贪食和夜间活动频繁的习性,可采用饵料诱捕、灯光照捕的方法捕蟹。

饵料诱捕法:其又可分为两种:一种是将饵料直接撒在池边,待锯缘青蟹上来摄食时,用小捞网罩捕,7~8月份的晚间采用此法效果好。另一种是先在罾网的网衣中间系上诱饵,然后把罾网放入蟹池,每隔一段时间提网捞捉入网的锯缘青蟹。为提高捕蟹效率,可用数个罾网巡回操作,但应注意在放网前的数小时内先暂停投饵。罾网绳的上端或系一浮筒,或连于竹竿末端。台湾多用此法捕捉瘦蟹。

灯光照捕法:锯缘青蟹在夜间喜欢爬上池边或露水滩,可用灯光照明(如手电筒照射),再以抄网捕之或将池水排至15 cm左右,然后下池照明捕捉。

(3)清池或大量捕捞出售时,可排干池水,用耙捕、手捉、捅洞钩捕等方法捕获。

耙捕法:当潮水退至最低时,排水后下池捕蟹。使用的工具是6条35 cm长的铁枝,一端插入与铁枝等长的小圆木中做成的蟹耙和一个椭圆形的小捞网。操作时从蟹池一端开始将耙慢慢的顺蟹池底另一端耙动,遇到蟹时将蟹挑起,用捞网接住,倒入木桶内。这种捞蟹的方法效果好,但蟹易受伤,操作时应格外小心。

干池手捉法:又称徒手摸捕法。是古老而又实用的捕蟹方法,无需任何工具,但要有熟练的技术。先将池水排干或排浅,然后下水用手捉,当手触及蟹体时立即用手指按住其背甲中央,锯缘青蟹即会将背前缘抬高,由此可得知其螯足的位置,再用拇指、无名指与小指捉住其背甲后缘,以免被钳伤。一般潜伏于泥沙中的锯缘青蟹,均系尾部朝着浅水处而双螯向着深水处,因此手摸时要自浅水处至深水处,或自深水沟的沟壁上方往下摸。如果反向摸索,则会增加双手被钳伤的危险。

捅洞钩捕法:锯缘青蟹有挖洞穴居的习性,尤其是在寒冷季节,锯缘青蟹常潜居于洞穴中。此时,可将池水排干,用钩捅入洞穴,将蟹钩出捕捉。也可用铁锹等挖洞翻泥,再捕捉之。

(4)其他方法。

涵管捕法:利用锯缘青蟹在隐蔽处栖息的习性,可将一些直径 13 cm 以上,长 1.0~1.5 m 的塑料管、陶管、水泥涵管或竹筒平放在水底,每隔一段时间用抄网将管的一端封住,另一端则举高或使用先端钉有直径较涵管稍小的马口铁板的木棒通入管内,促使管内的锯缘青蟹进入网中,此法在天然锯缘青蟹的捕获上效果甚佳,也可使用于池养锯缘青蟹的捕捉。

铁耙打捞法:在寒冷季节,锯缘青蟹活动能力弱,多潜伏在深水处或隐藏在泥里,换水时也不游到闸门口来"戏水",而池水又不能放干的情况下,可采用小船或在岸边用铁耙或竹耙逐幅收捞。

刺网法:把尼龙刺网定置于池中,待锯缘青蟹游泳碰到刺网时,其足即被缠住而不易逃脱即可捕之。此法容易弄断蟹足,故不够理想,仅适用于大规模肉蟹养殖的起捕。

须子网捕获:在池中的不同位置安置一定数量的须子网,定时从后部的网兜内将进入的锯缘青蟹倒出,然后将符合商品要求的绑好放入竹筐中,不符和的放回池中继续养殖。

3. 锯缘青蟹的捆绑

收获起来的锯缘青蟹应放入盛有绿色树枝叶的木桶里,可防止互相钳咬致伤。然后逐个检查,挑选符合商品规格的蟹捆绑起来装入箩筐,不符合要求者放回池中再养。若不立即装运出售,天气暖和时应存放在荫凉潮湿的地方,冬天则应盖上稻草保暖。

捆绑锯缘青蟹用的草绳,可因地制宜,就地取材。一般在夏天宜用比较清凉的咸水草,冬天则用有保暖作用的稻草。在本地市场出售的,可用塑料绳,既捆绑方便,又受消费者欢迎(塑料绳附加重量比较轻),在浙江南部较常见。台湾中部一带多使用俗称咸草的蔺草或青茅草,而南部则使用草绳捆绑,绳的直径约 0.8 cm。不管用什么草,使用前应先把草绳放在海水里浸泡 2~3 个星期,草绳浸水为的是使草绳柔软,并保持运输途中及销售时的湿润状态,使锯缘青蟹不易死亡。

捆绑的方法以左手拇指及中指捉住蟹的背甲后侧缘,无名指及小指则抓住草绳的一端,然后右手拉紧绳子的适当位置,由甲后循背甲左侧缘与步足基部间的空隙紧靠左螯足的基部至正前方,再绕过左螯足基部的腋下,并拉紧绳子,则可将左螯足捆住。绳子再经其口前方至右螯足基部腋下,并穿出腹面,又绕过右螯足之钳状部回到基部的间隙至背甲后上方,最后将绳子的两端拉紧打结即可。

4. 运输

(1)夏天运输。夏天运输可分为竹箩运输和加冰装箱运输。

竹箩运输：用咸水草捆绑锯缘青蟹后,放入竹箩中加盖,再连箩一起浸于清新的海水中数分钟,让锯缘青蟹吐浊吸新。在运输途中,为防止日晒雨淋,每天分早、中、晚洒水3次,以维持湿润。最好用海水洒,也可用盐水或淡水,这样可以维持4～5天不死。

为提高炎热夏天运输锯缘青蟹的成活率,可在盛蟹竹箩中心竖立一个竹箩编成的空筒。筒与竹箩等高,筒壁留有很多孔,用以通风透气。装放时把蟹口向着空心筒和箩边,装车时各箩间留存空隙,不要太挤压。运蟹车最好在夜间行驶,天亮到达目的地。

加冰装箱运输：大量收获时,可将活蟹浸入10℃左右的冷水中,使之行动迟钝,再分别用橡皮筋将其螯足捆绑起来,并用湿木屑填充箱子,用以保持湿润和保温,这样可加冰装箱长途运输。

(2)冬天运输。用稻草捆绑锯缘青蟹后,再用竹箩或塑料箱装运。在寒冷的冬天,竹箩周围要铺稻草保暖,防止寒风冷气侵入,而且蟹口应朝向箩中间,装后加盖麻袋。汽车则宜在白天行驶,运输时每早、晚洒水,以保持湿润,锯缘青蟹可存活6～7天。

用塑料箱装运时,应先将锯缘青蟹用小蒲包分装,海水浸湿,然后装入五面带孔的塑料箱中。途中每天洒水两次。此法运输4～5天之内,锯缘青蟹不会死亡。

二、锯缘青蟹混养

锯缘青蟹混养,指在养殖锯缘青蟹的池塘内,同时养殖其他经济生物品种,形成互为有利的多元化养殖生态结构。近年来,锯缘青蟹混养在我国东南沿海有力地促进了池塘的综合开发、利用和锯缘青蟹养殖事业的快速以展。实践证明,开展锯缘青蟹混养对于综合利用池塘水体、改善蟹池的生态环境、提高饵料利用率、减少锯缘青蟹病害发生等均有积极的意义,取得了显著的经济效益和社会效益。

(一)混养类型

从当前锯缘青蟹混养生产情况看,主要可分为单品种混养和多品种混养两种类型,混养品种有10余种。单品种混养,即锯缘青蟹分别与鱼、虾、贝、藻等单个品种混养;多品种混养,即锯缘青蟹与多种经济生物混养在一起。例如:

(1)将锯缘青蟹、草虾(斑节对虾)、江蓠和遮目鱼等同池混养,也有的再加一些沙虾(刀额新对虾),其混养量每亩放锯缘青蟹333~1333只、放草虾1333尾(2尾/平方米)、遮目鱼数10尾。这种混养方式能够充分利用空间及饵料,并可避免多余之饵料污染池底。又因江蓠有净化池水的功能,故能保持较佳的池塘水质而获得较佳的养殖效果。通常锯缘青蟹养殖3个月后即可收成,草虾经4~5个月养成每千克约30尾时收获,遮目鱼经4~7个月后可用刺网捕获。

(2)锯缘青蟹与鲻鱼、罗非鱼、白虾等混养:每亩放养锯缘青蟹500~800只、放养鲻鱼60~80尾、罗非鱼30~40尾、白虾2 000尾左右。

(3)锯缘青蟹与遮目鱼、鲻鱼、鲫鱼、大阪鲫、罗非鱼等多种鱼混养:一般每亩放养鱼30~50尾左右,密度不宜过高,混养的品种视池塘条件而定,以免影响主养品种锯缘青蟹的生长。

(二)中国明对虾与锯缘青蟹混养

1.池塘条件

池塘面积一般 5～10 亩,大者可 20～30 亩,不宜过大,底质以松软的泥沙质为好。池塘水深在 1.2～1.5 m,换水能力达 20%以上。

堤坝四周内侧设置塑料片、水泥板、竹篱笆或沥青油毡纸作防逃设施材料,既经济简便又防逃效果好。

池底应有一定的坡度,池中挖有纵沟或横沟数条,沟宽约 2 m、深 0.5 m,以利虾、蟹的生活和放水收捕。

为防止或减少虾、蟹遭受敌害的袭击,应在池中设置竹筒、水泥涵管、砖瓦片、假岛和人工洞穴等作隐蔽、栖息的场所。

2. 虾苗的暂养

虾苗暂养是指将体长 0.8～1.0 cm 的虾苗培育到体长 3 cm 左右的大规格虾苗,以提高放养后的成活率。暂养池面积 1～2 亩,水深 1 m 左右,每亩放养虾苗 10 万尾～15 万尾。

3. 苗种放养及混养形式

要注意待虾体长至 3 cm 以上后,再放入蟹苗混养。如先放蟹时,则投放体长 3 cm 以上的大规格虾苗,以提高虾苗的成活率。蟹苗放养时间多在 5～6 月份,育肥可在 8 月以后。虾、蟹的放养密度不宜过高,应根据池塘环境条件和养殖需要而定,一般混养池,每亩放 3 cm 以上的大规格虾苗 1 000 尾左右时,可放养锯缘青蟹苗种 800～1 500 只;每亩放养虾苗 4 000 尾左右时,可放养蟹苗 500～800 只;每亩放养虾苗 8 000 尾左右时,可放养蟹苗 100～300 只。

蟹苗要求甲壳硬、活动力强、十足齐全和无损伤、无疾病,规格以个体重 50 g 左右为宜。锯缘青蟹雌雄放养比例一般掌握在 4:1～5:1 较好。虾、蟹苗的规格要整齐,不同规格的种苗需分池放养。

混养形式有两种,一是直接混养,使锯缘青蟹与对虾一起生活;二是限制活动范围混养,即把混养的锯缘青蟹放养在有盖竹篓内,每篓放蟹2~3只,把篓均匀地安置在虾塘滩面上。用第二种方法混养,塘内不必筑假岛、人工洞穴,不必设置锯缘青蟹隐蔽物,投饵时将锯缘青蟹所需饵料分散放入各篓内即可。

台湾虾、蟹混养时,是在3月份放养早期的幼蟹,每公顷放蟹苗1万只(每平方米1只),同时放入斑节对虾苗。放养的虾苗要比蟹苗规格大一些,以免被锯缘青蟹所掠食。

4. 饵料投喂

在虾蟹混养时,应以小型贝类、小杂鱼、虾、蟹等为主要饵料,也可投喂部分人工配合饵料。

锯缘青蟹投饵量可参照锯缘青蟹池塘养殖中的"饵料及投喂"。对虾的日摄食量公式如下:

$$W = 0.01287 L^{1.7703}$$

式中 W 为每尾虾摄食配合饵料(干重)的克数,L 为对虾的平均体长(单位:cm)。

一般情况,虾、蟹混养池的总投饵量要小于摄食量公式计算值的20%左右;在锯缘青蟹放养比例较大的混养池,投饵量可以仅考虑锯缘青蟹的摄食量需要,不必加投对虾的饵料。具体应根据天气、水质和虾蟹摄食等情况灵活掌握。

从养殖经验看,虾、蟹相残多因饥饿争食而引起,蜕壳时虾、蟹受到伤害的危险性更大。因此,要做到投足饵料,坚持少量多次、先粗后精的投喂方法,让虾、蟹吃好吃饱,使之生长快、成活率高。

5.水质控制

在水质良好、饵料充足的情况下,虾、蟹不仅可"和平共处",而且生长快、病害少,故调节好水质是获取虾、蟹混养高产的保证。池中保持水位 1.2～1.5 m 深,水质指标分别为:海水相对密度为 1.008～1.025、水温 15℃～30℃、pH 值 7.8～8.5、透明度 30～40 cm、溶解氧 4 mg/L 以上(不得低于 3 mg/L)为宜。一般每隔 2～4 天换水 30%～40%,在大潮汛期尽量多换水,小潮汛期以添加水为主。高温期要增加水深,必要时需开动增氧机,以增加水中的溶解氧。除此之外还应经常清除池内的残饵和腐败物质,严重时还可向池内投放适量的铁渣、矿渣,避免硫化氢的产生,达到水质的清新。

6.日常管理

坚持昼夜巡塘。检查防逃、防盗、闸门、堤坝等设施,观察浮头、水色、水位及虾蟹活动情况等,一旦发现问题应及时采取措施,确保安全生产。

7.虾病防治

对虾的病害较多,如病毒性疾病、黑鳃病、烂眼病、红腿病、聚缩虫病、白黑斑病、痉挛病、微孢子虫病等,其中病毒性疾病、黑鳃病、烂眼病、红腿病、聚缩虫病等 5 种尤为普遍,危害较大。在大水体中,虾病一旦发生,治疗是相当困难的,并终将造成损失。所以,在养殖过程中应以预防为主,为对虾创造优良的生长环境,尽量减少虾病的发生。做到清池除污彻底,常换水,适量投饵。勤检查,力求早发现,在发病轻、发病少的情况下及时采取措施,或使用药物治疗。

(1)病毒性疾病。中国明对虾的病毒性疾病主要有中国对虾白斑综合症病毒病(WSSV)、传染性皮下和造血组织坏死病(IHHN)、肝胰脏细小病毒状病毒(HPV)。其中第一种病毒病流行最广,危害最大,外观症状为甲壳有白斑、体色变微红或灰白、停止摄食、游动迟缓,但有时病虾不生白斑,要确诊则需取胃部、淋巴器官、造血组织或皮下组织等,做超薄切片用透射电镜观察到杆状病毒粒子。

所有对虾的病毒病至今都没有明显有效的治疗方法,主要采取综合性的预防措施。一是彻底清淤和消毒,进水后繁殖好天然基础饵料;二是培养健康无病毒的虾苗(SPF);三是放养密度要合理;四是调控和保持好优良水质;五是要投喂优质饵料;六是要及时检查,发现病情后严防池间传染,还可池中使用光合细菌及提高对虾细胞免疫能力的药物。

(2)黑鳃病。引起黑鳃病的原因较多,底质、水质受污染而引起镰刀菌大量繁殖寄生于鳃丝上为主要原因之一。病虾的鳃初期呈橘黄色和鲜褐色,以后逐渐转暗,最后变为黑色,造成鳃功能障碍,影响对虾正常呼吸。

防治措施:大量换水;饵料中添加维生素 C;每 1 000 g 饵料中加 1 g 盐酸土霉素投喂;盐酸土霉素 $2\sim3$ g/m³ 水体药浴病虾 $2\sim4$ 次。

(3)烂眼病。此病是由非 01 群霍乱弧菌侵入虾体及眼球内引起的。发病初期,病虾眼球肿胀,并由黑色变为褐色以至于溃烂,严重时整个眼球烂掉,仅剩下眼柄。随着病情发展,病虾全身肌肉发白,行为呆滞,匍匐于池边,大多在 1 周内陆续死亡。

防治措施:水体中泼洒漂白粉 $2\sim3$ 次,内服吡哌酸(饵料中加药 $0.1\%\sim0.5\%$)连喂 $7\sim14$ 天。

(4)红腿病。红腿病是由于弧菌侵入对虾血液而引起的全身性感染,故又称败血病。病虾附肢变为红色或暗红色,腹部白浊,背部弯曲。病虾行动迟缓,离群独游,常在池面、池边活动,重者侧倒于水中,以至死于水中。

防治措施:虾苗放养前彻底清塘,养殖过程中保持水质良好,多投喂鲜活饵料;治疗方法同治烂眼病。

(5)聚缩虫病。聚缩虫附着虾壳表面,会影响对虾正常生长乃至长期不蜕壳,若附在虾鳃上则妨碍呼吸。此病是因池中水质不良、溶解有机质过高而发生。

防治措施:增投鲜活饵料,适量投饵和改善水质条件,促其生长蜕壳;用 $5\sim 10$ g/m^3 水体砸碎浸泡后的茶籽饼全池泼洒。

8.收获和效益

当虾、蟹达到商品规格时,即可陆续或一次性收获。浙江沿海的收捕期多在10月下旬前后,广西北海等地是5月底至6月初和10月底至11月初(两茬养殖)收捕。锯缘青蟹通常系利用罾网内置饵料而诱捕,或利用养殖池注水之际,锯缘青蟹溯水集中于水闸附近的习性而捕之。放水收捕是目前使用最广的收虾方法,一般在夜间进行,效果好,适于大规模收获。

实践证明,锯缘青蟹与对虾混养不仅可行,而且经济效益显著。例如广西北海市,1989年实行虾、蟹混养4 229亩,平均每亩产虾、蟹41 kg,对虾成活率平均为25%,锯缘青蟹成活率平均46.6%。虾、蟹混养比单养对虾的产量和效益提高了近两倍,有力地促进了对虾塘的综合利用和养虾业的健康发展。

(三)锯缘青蟹与脊尾白虾混养

脊尾白虾隶属于节肢动物门、甲壳纲、十足目、长臂虾科、白虾属,分布于全国沿海,其产量仅次于中国毛虾和中国对虾,居第三位。该虾体较大,肉质细嫩,味道鲜美,营养丰富,除鲜食外还可以加工干制虾米,质量很好。

由于脊尾白虾生长迅速,适应性强,对养殖池塘的要求不高,是优良的海水养殖品种。近年来已进行了脊尾白虾与锯缘青蟹混养生产,例如浙江省临海市于1991年进行了脊尾白虾与锯缘青蟹混养,面积达2 700亩,经济效益显著。脊尾白虾与锯缘青蟹混养主要有以下技术措施:

1. 虾苗的中间培育

刚捕获的虾苗,体长一般在0.7~1.0 cm,每千克6万~12万尾之间。由于虾体幼弱,摄食和适应环境的能力较小,如直接放入大水体易受风浪、敌害生物威胁而遭受损失,直接投放锯缘青蟹池中混养,更易被锯缘青蟹残食,因此需要经过一个小水体的中间培育阶段。

用于中间培育的池塘面积一般为1~2亩,水深0.8~1.0 m,可专门修建,或利用大池的深沟,或在大池中设置聚乙烯网箱暂养培育。虾苗经20~40天培育后,体长一般可达2.5~3.0 cm,便可转入大池养成。

2. 苗种放养

先放虾苗的,须待脊尾白虾体长至2.5 cm以上再放养锯缘青蟹苗;如先放蟹苗时,可放养经中间培育体长达2.5 cm以上的脊尾白虾。虾、蟹混养时,可采取锯缘青蟹为主体,辅以适量脊尾白虾养殖。一般每亩放养蟹苗600~1 200只时,混养体长2.5~3.0 cm的脊尾白虾苗3 000~6 000尾。脊尾白虾在池内能自然繁殖,放苗量不宜过高。

3. 养成管理

(1)饵料投喂。脊尾白虾食性杂而广,动植物饵料均

可摄食。一般在锯缘青蟹饵料充分时,不必另投饵。如锯缘青蟹饵料不足,每亩可日投 1.5～4.0 kg 的农副产品下脚料,并根据脊尾白虾生长、活动及天气等情况进行调整。投饵量宜少不宜多,饵料分散投在滩面和池塘四周,防止锯缘青蟹争食而相互残杀。

(2)水质调控。水质好坏直接影响脊尾白虾的生长和存亡。做到勤换水,通过换水来改善池塘水质,带进丰富的饵料。排水时应将底层闸板拉起,便于底部污水排出池外。

(3)巡池检查。巡池时应注意观察脊尾白虾摄食生长、池塘水色等情况,严防泛池。发现脊尾白虾在早晨浮头,要立即打水增氧。

4.脊尾白虾收捕

当脊尾白虾平均体长达 6 cm 左右时,就可收捕出售。收捕方法有 3 种。

(1)放水收虾。方法同对虾,但袖网的孔径由 1.0～1.5 cm,逐渐缩至 1.0 cm,袋网孔径以 0.8～1.0 cm 为宜。脊尾白虾对流水反应比对虾差,当池塘沟水接近放干时,才大部分放出,如一次收不完,可以再进水,反复几次,直至收完为止。

(2)车水收虾。这是一种普遍采用的土办法,省成本但较费工,速度慢。捕虾时先将水尽量放干,然后架上水车,逐段车水,脊尾白虾则随水流经水车槽进入网袋里。

(3)罾网收虾。此法适用于少量脊尾白虾的起捕。操作时选择迎风面,将网放入池底,再在网内撒上一些饵料诱虾,当虾游入网内时即可撑网收捕。

(四)锯缘青蟹与鱼类混养

1.混养品种

实践证明与锯缘青蟹混养的鱼类主要有鲻鱼、遮目鱼、罗非鱼、斑鰶、大阪鲫等。这是因为:

(1)鲻鱼、遮目鱼、罗非鱼等鱼类,主要以底栖硅藻、浮游植物和有机碎屑等为食,在放养量适当的情况下,不仅不会与锯缘青蟹争食,而且可使蟹池内的食物链组成更趋完善,有效地利用了池中的天然饵料生物和腐败有机物质,起到"清道夫"的作用,减少了锯缘青蟹残饵恶化水质之害。

(2)这几种鱼对盐度和温度的适应性方面均与锯缘青蟹相近,并可与锯缘青蟹同时起捕。

(3)鲻鱼等游泳力强,可增加池水上下层的交换,使空气中的氧气更多地溶解到池中。

(4)只要掌握好鱼苗放养时间、规格和密度,一般不但不会影响锯缘青蟹的成活率和产量,还可增加养鱼的收入。

目前,浙江、福建、广东等省沿海多以鲻鱼、罗非鱼等与锯缘青蟹混养,台湾的锯缘青蟹与遮目鱼混养方式很普遍,其生产效果也很好。在盐度低于8的养蟹地区,可以混养鲫鱼或大阪鲫,同样能达到净化水质、增加收益的目的。

2. 池塘条件

一般锯缘青蟹池都可以混养鱼类,但面积以10亩左右为好,水深在1.5 m以上,低于1 m的池塘不宜混养鱼类,由于水太浅,鱼类游动使池底浮泥上翻,水质变得混浊,影响鱼、蟹的呼吸。池塘底质最好是泥沙质,因其表面易着生大量的底栖硅藻,俗称为"油泥",是鲻鱼、罗非鱼的主要食物。池底略向排水口倾斜,并在排水口处造一个10~20 m² 的鱼溜,鱼溜连接各条水沟,比池底低约

40 cm,这便于干塘时鱼类集中而起捕。蟹混养池的水质指标:盐度 8~30,pH 值 7.8~9.0,溶解氧 5 mg/L 以上。

3. 放养前的准备

(1)清池。方法同单养锯缘青蟹池。

(2)进水。清池药物毒性消失后,将原有水放掉,然后进入新水。开始进水 40~60 cm,即可施肥培养饵料生物,以后逐渐加深。

(3)施肥培育饵料生物。进水后,每亩施鸡粪或猪粪等有机肥料 100~150 kg。施肥后 5~10 天,池中浮游生物大量繁殖,以供鱼苗放养后摄食。

4. 苗种放养

混养鱼类的放养时间,因种类、地区不同而各异,可根据具体情况确定。蟹苗放养在鱼苗放养之后进行。一般来说,当鲻鱼苗达 3 cm 以上、遮目鱼苗 3~6 cm、罗非鱼苗 6 cm 左右时,即可投放锯缘青蟹苗混养。如先放蟹苗时,则应放养较大规格的鱼种。

混养时,蟹苗的放养密度与单养锯缘青蟹池基本一致,即每亩放养个体重在 30 g 左右的锯缘青蟹苗 1 500~2 000 只。在保证锯缘青蟹产量的情况下,每亩放鲻鱼苗 100~200 尾或遮目鱼苗 200 尾左右。罗非鱼能在池中进行自然繁殖,要控制放苗数量,放养密度以每亩 100 尾为宜;如能投放单性雄罗非鱼,在池内不会再繁殖,放养密度可适当提高。在锯缘青蟹与鲻鱼、罗非鱼、脊尾白虾等多品种混养时,每亩可放养鲻鱼 60~80 尾、罗非鱼 30~40 尾、脊尾白虾 2 000 尾左右。

5. 养成管理

在锯缘青蟹饵料充足的情况下,不必另外投喂混养鱼的饵料。如锯缘青蟹饵料不够充足时,可酌情增投豆饼、米糠、麸皮、鱼用配合饵料等，投饵量以鱼能在1小时内吃完为度。每日分上、下午两次投喂，在投喂鱼饵料约1小时后，再投放锯缘青蟹饵料，以减少互相争食，提高饵料的利用率。

日常管理工作与单养锯缘青蟹池基本一样，主要有添换水、巡池、控制水色、防病、防逃、防浮头、防盗等。

6. 收获

锯缘青蟹收获方法同前所述。鱼类的起捕方法主要有：

(1) 逆水装捞。涨潮时，在闸门内端的网框槽上安装好锥形状捞网，网框离闸底留空10 cm左右，以供鱼类向外游的通道。并在闸门外端也安装网闸，以拦住鱼蟹的去路。这样提闸进水时，鱼类便从闸门底部逆水而出，再进入网袋而装捕。此法使用较少，主要是在平时收获鲻鱼。

(2) 干池起捕。在退潮时排干池水，可收获一批鱼、蟹，而大部分鱼则集中在出水口的鱼溜中，然后再用拉网或抽干水收鱼。为提高经济收益，待锯缘青蟹起捕后，可将鱼类暂留在池内，进水继续养殖，以后分批捕捞，鲜活鱼上市。但要注意鱼类的致死温度，适时收捕完毕，以免造成损失。

罗非鱼能钻泥筑窝，一旦遇敌或受惊时，便潜入池底软泥中静止不动，仅吻端露出泥外，所以起捕较困难。目前一般采用排干池水的方法进行收捕，也可带水用电捕网起捕。

遮目鱼起捕之前3~4小时，可先用"拔仔"或能让鱼体通过的大目刺网，在水面拉过3~4次，利用遮目鱼的怯懦性，使其惊慌而在水面跳跃，并将肠内粪便排除。此

后5～6小时,遮目鱼不敢再摄食,从而使捕获的鱼保持新鲜,该过程俗称"消肚"。在夜间起捕时,由于遮目鱼晚上很少摄食,故可不必消肚。

(五)锯缘青蟹与贝类混养

1.锯缘青蟹与缢蛏混养

(1)池塘要求。一般锯缘青蟹养殖池均可混养缢蛏,但就其效果来看,以泥质或泥沙质底的池塘为好,滩面底质过软、过硬均不宜养蛏。滩面过软,污泥沉积过多,容易堵塞缢蛏进排水管,使蛏窒息而死;滩面过硬,给蛏苗钻穴及起捕带来困难。

(2)蛏田建造。蛏田一般建于池塘的中滩处。中滩须经过翻土,翻起的土块用细耙耙碎、耙平,并清除石块、贝壳及其他杂质,然后进水关闸,让海水中的浮泥沉积在滩面上,使蛏田变得松软、平滑,有利于蛏苗的潜钻穴居生活。

(3)饵料生物的繁殖。在播放蛏苗前10～15天,先进水施肥培养饵料生物。池水深度20～30 cm即可,每亩施尿素2 kg左右,分2～3次施,掌握少施勤施的原则。使池水逐步变为浅黄绿色或浅褐绿色。

(4)蛏苗播放。蛏苗播放时间,因各地的气候条件和苗种大小不同而异,早的可在1月下旬开始,最迟到5月中、下旬。浙江、福建等地蛏苗早,一般在2～4月播放蛏苗。播苗密度要根据季节、蛏苗大小等灵活掌握。一般每亩(实养缢蛏面积)播放1.0 cm左右的蛏苗30 kg左右,播1.5 cm左右的蛏苗40 kg左右,播2.5 cm左右的蛏苗50～60 kg。蛏苗的大小与重量的关系见表2-28。

表 2-28 蛏苗大小与重量关系

壳长(cm)	0.5	1.0	1.5	2.0	2.5	3.0
个数/千克	50 000	12 000	5 000	2 400	5 000	760

播苗要均匀。蛏苗播放后的第二天,应注意观察掘穴潜泥情况,一般在第二天就有90%的蛏苗潜泥。发现大量死亡要及时补苗。鉴别蛏苗质量的方法见表2-29。

表 2-29 蛏苗质量鉴别方法

项目	好苗	劣苗
体色	壳前端黄色,壳缘略呈绿色,水管带淡红色,壳厚半透明	壳前端白色,壳面呈淡白色,或褐色,壳薄且不透明
体质	苗体肥硕、结实,两壳合抱自然	苗体瘦弱,两壳松弛
探声	以手击蛏篮,两壳即紧闭,发出嗦嗦声音,响声整齐,再击之无反应	以手击蛏篮,两不能紧闭,声音弱,再击之又有微弱声响
行动	放在海水或海滩中,很快伸出足来,行动活泼,迅速钻土	放在海水或海滩中,迟迟不能伸足,行动迟钝,久久不能钻土

(5)日常管理。在日常管理中要严格把好进水和水质管理关,保持水质清新。尤其在高温季节,要防止缺氧。投饵船要采用摇橹的办法,不宜用竹稿,以免破坏蛏田。投饵要均匀,不能成堆滥投而造成池底污染,最好不要在养蛏处投饵。

蟹池内的缢蛏生长快,在播种后3个月左右,壳长可达5 cm以上,每千克达120只以内时,即可乘大潮时的早、晚放水起捕。收获时间可根据缢蛏个体大小、肥瘦程度和市场需求灵活掌握。在锯缘青蟹收获后,蛏子仍可继续蓄水养殖至翌年1月份全部收蛏结束。水质清瘦的池塘,蓄养时每亩施尿素1.0~1.5 kg。

2. 锯缘青蟹与泥蚶混养

(1)池塘条件。一般蟹池有15 cm厚的平坦软泥或泥沙质即可,以含泥90%、含沙10%的软泥底质为佳。池水深在1 m以上,水温一般保持在15℃~28℃,盐度为10~30,pH值7.6~8.2。播养前,将滩面翻耕后耙细、耥平。

(2)施肥培养基础饵料。清池后纳入新水50 cm,每亩施鸡粪50 kg、尿素10 kg,使池水变成黄绿色或浅褐色。

(3)蚶苗播种。泥蚶播种时间可在锯缘青蟹收获后的11月下旬至12月,较迟在3~4月份。泥蚶的放养面积掌握在蟹池总面积的20%~30%,养殖区域是在进水闸附近的滩面或中央滩面上,以保持水流畅通。一般每平方米播种规格600粒/千克的蚶苗0.75 kg(即450粒)。宜采取蓄水播苗,水位保持在20~30 cm为宜。经长途运输的蚶苗正处于缺氧缺水状况,投放滩面后极易吮吸池底层腐殖质造成中毒死亡,所以更应该蓄水投苗,以提高成活率。

(4)饲养管理。调节水位和水质:蚶苗入池初期,水位保持在20~30 cm即可,如遇冷空气南下,即适当提高水位至60~70 cm。锯缘青蟹放养后水位应提高到1.0~1.2 m以上。在养成期间,根据气温、海水盐度等调节水质,做到勤换水,保持水质新鲜,以利锯缘青蟹、泥蚶的迅速生长。

投饵:坚持每天定时、定点、定质、定量投饵,让锯缘青蟹吃饱、吃好,而无残饵。投饵点尽量避开泥蚶放养区。

清除浒苔:大型绿藻如浒苔等在池中大量繁殖,会严重影响泥蚶的正常生长。池水深度应保持在 1.0～1.2 m 以上,以抑制绿藻繁生。当发现浒苔等杂藻大量繁殖时,要及时清理捞除。

起捕:约经过 7 个月养殖后,泥蚶壳长达 2.5 cm 以上、每千克 200 粒以内,即达商品规格。从立冬至翌年清明是泥蚶的收获季节,其中以小寒至大寒最为肥满,血多味美,且气温低,可久藏远运。泥蚶起捕方法简单:在锯缘青蟹收获之后,排干池水,用铁耙将蚶带泥扒入蚶袋中,洗净即可。

(六)锯缘青蟹与江蓠混养

锯缘青蟹与藻类进行混养,不仅能增加池水中的溶解氧量,改善水质条件,也为锯缘青蟹提供了隐藏场所,减少相互残食的机会。在锯缘青蟹池中混养的藻类,主要品种为细基江蓠繁枝变种,即通常所称的细江蓠。

江蓠是经济价值很高的红藻,在我国沿海均有分布,台湾和北方沿海称之为龙须菜,闽南称海面线,广东、海南等地又称蚝菜、海菜等,具有藻体大、适应性强、生长快等优点而广为养殖。江蓠含有 25% 以上的琼脂质,是制造琼脂的重要原料。与江蓠混养后,锯缘青蟹的成活率一般可比单养锯缘青蟹池提高 10%～20%。

1. 池塘条件

(1)池塘水深 1.5 m 以上,面积以 15 亩左右为宜;

(2)池塘进排水方便,并有淡水水源则更好,底质以泥沙地为好;

(3)放养前连续换池水数次,彻底清除底藻,并干池

曝晒10天左右,以免江蓠苗种放养后被其他藻类附着而影响其发育;

(4)池水盐度在6.5~30(以20左右最佳),最适温度为20℃~25℃,pH值7.8~8.7(低于7.0则生长差)。

2. 混养方法

(1)撒苗养殖。池塘经过常规的清淤清毒及消除杂藻、整理池边后,即可将江蓠幼苗连同生长基一起整齐地撒在池塘边上,进行养成。撒苗时每个生长基间距离为30~40 cm,排列成菜畦式,以便管理。

(2)筏式养殖。在池塘中间水面设置浮筏,夹苗养殖江蓠。浮筏为长方形,长度比池塘的宽度短一些,竹筒做浮子,浮缏两端绑在固定于池底的木桩上。

苗绳用33股(3×11)的聚乙烯绳制成(也可用红棕绳),每个浮筏绑10条左右的苗绳,绳距10 cm,苗绳上每隔10 cm左右夹苗一簇。浮筏面积约占池塘水面的30%,这样既能为锯缘青蟹提供避暑和隐藏的场所,又不会影响锯缘青蟹的活动。

3. 日常管理

在江蓠的养成过程中,不管采用哪种方法,都必须防除敌害,如硅藻、水芸和浒苔的附着及螺类的咬噬等。另外,如发现缺苗,应及时补上,才能保证产量。

进排水前后、大风和台风季节,要经常检查筏架是否牢固,浮缏、苗绳等是否有断股,如有发现,应及时绑扎加固。在养成过程中随着藻体的生长,筏子所承受的负荷越来越大,因此要及时增加浮竹,以免浮筏下沉。

切割江蓠,江蓠的再生能力很强,如切去藻体一半,仍能保持正常的生长速度。采取切割办法,可以增产30%左右。

4. 江蓠的收获与加工

江蓠经 3~5 个月的养成,藻体长度 1 m 左右,便可收获。收获时先洗去藻体上的浮泥、杂藻,然后晒干即可。一般每 8~10 kg 鲜藻可晒成 1 kg 干品,干品的提胶率为 20%~30%。

三、锯缘青蟹育肥

锯缘青蟹育肥,就是在锯缘青蟹出售之前的一段时期内采取相应的技术措施,使之很快长肥的过程。通常是指把已交配过的雌蟹经过较短期间强化培育,使其卵巢完全成熟,成为膏蟹(红蟳);或把已达商品规格但体质消瘦的雄蟹(俗称水蟹),育成肥壮的肉蟹。

锯缘青蟹育肥多在池塘中进行,此外还可采用笼、罐、罩等形式育肥锯缘青蟹。本章介绍锯缘青蟹池塘育肥技术,其他育肥方法见"其他方式的养殖"。

(一) 锯缘青蟹育肥池的条件

用做育肥的锯缘青蟹,常因数量有限,而且规格、质量也不一致,育肥所需时间长短也就不同,所以要求池塘面积以小为宜,一般是 1~3 亩,以便按不同规格、质量,分池养殖。育肥池按其构造类型,可分为单池、双池和"田"字形池。"田"字形池(见图 2-14)的中央设一个边长为 1.5 m 的正方形小池,通过 4 道水闸与 4 个蟹池相通。海水经水沟流入小池,再由小池进入蟹池。起捕时利用锯缘青蟹的溯水习性,使其进入中央小池以便捕捉,池底应向中央方形小池倾斜,以利排干池水。育肥池池堤多用水泥或砖石垂直砌成,而池底是泥沙。池内应设隐蔽物,如陶瓷罐等,作为锯缘青蟹避光或躲避骚扰的场所,还要有不同深浅的水位,让锯缘青蟹选择栖息。

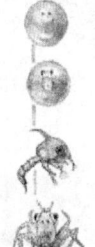

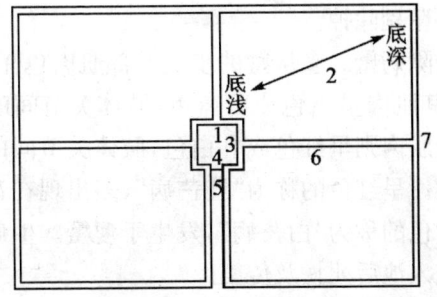

1. 中央小池,1.5 m×1.5 m;2. 养成池;3. 小闸门;4. 闸门,有防逃网装置;5. 进、排水沟;6. 内堤高 1 m,顶面有"反唇"构造;7. 外堤,内侧用砖砌或土堤,成为斜坡,其顶有向内"反唇"构造,或者其他防逃设施

图 2-14　田字形锯缘青蟹池

(二)蟹种的选择

育肥用蟹种,主要是选择已交配的雌蟹和已达商品规格的瘦雄蟹,经过 30～40 天左右强化育肥成膏蟹或肉蟹。选择时要注意以下几点要求:

(1)蟹体完好无伤,十足齐全。凡用刺或钩捕捞的带有外伤的锯缘青蟹,均不宜用来育肥。有外伤的锯缘青蟹放养后,常患腹脐水肿症,其死亡率高达 70%以上,幸存者也需要较长时间,才能变为膏蟹。胸足缺损,尤其是游泳足和螯足的缺损,会造成锯缘青蟹活动和觅食困难,直接影响其性腺成熟和增肉。据称,游泳足折断的空母,必须待游泳足再生后,才能成为红蟳。

(2)剔除蟹奴、海鞘。锯缘青蟹腹脐内侧基部常寄生有 1～2 个蟹奴。蟹奴专门吸取寄主的营养维持生活,寄生在雌蟹的,会影响卵巢的发育,不能养成膏蟹;寄生在雄蟹后,会使其显得格外瘦弱,不能养成肉蟹。海鞘等寄生后,也会影响锯缘青蟹的生长和发育。所以,选择时应把蟹奴、海鞘剔除掉。

（3）去除病蟹。多从蟹的步足基部肌肉色泽来辨别，强壮的蟹其肌肉呈肉色或蔚蓝色，肢体关节间的肌肉不下陷；病蟹肌肉则呈红色或乳白色，肢体关节间的肌肉下陷，无弹性。呈红色的称为"红芒病"，多出现在花蟹和膏蟹；呈乳白色的称为"白芒病"，发生于瘦蟹。生病蟹不能放养，以免入池后死亡及传染。

（4）锯缘青蟹的露空时间要短。锯缘青蟹虽有干潮时留在泥滩上的习性，但捕后露空时间长也会引起死亡或放养后死亡，特别是夏季闷热高温的情况下更不耐露空。一般气温在28℃以上时，不能超过半天，25℃以下时也不要超过2天，从捕获到放养的时间越短越好。如果锯缘青蟹的大颚直立、颚足张开、蹬起、脐基胀、口吐白泡沫，则说明此蟹捕捞后离水时间过长，不宜用作育肥。因为当蟹到渗出黄色泡沫时，当天就会死亡。

（三）雌蟹性腺成熟度鉴别

选择雌性蟹种时，还要根据其是否受精及性腺发育程度加以区别。按习惯和经验，可分为未受精蟹、瘦蟹、花蟹及膏蟹4种，前3种均可作为育肥用的蟹种。鉴别方法主要是检查锯缘青蟹甲壳两侧上缘性腺形状和腹脐与头胸甲后缘交接处中央圆点的颜色（见表2-23和第四节中天然锯缘青蟹苗的利用部分）。

（四）蟹种放养

1. 放养季节

蟹种的放养季节在不同的地区而有所差异。浙江沿海每年4～11月均可放养育肥，但放养旺季为9～10月。广东、广西、台湾等地，气候温和，一年四季均可放养，每年可养5～8茬，放养盛期在3～7月和9～11月。育肥时间长短与水温、盐度、蟹种规格和饵料质量等密切相关，一般为30～40天，最快的15～20天便可育成。据广东汕头地区群众的经验，1～3月间，锯缘青蟹性腺发育最快时，放养后18天即可收获；4～5月则需20天，5月以后需20多天方能育成；7～9月。由于天气炎热，水温过高，锯缘青蟹生长发育不好，且易死亡；10～12月水温较低，要养30～40天才能收获。因此放养季节要根据各地水温、蟹种来源、饵料供应等情况而定。

2. 放养规格

用于育肥的蟹种，可分为未受精蟹、瘦蟹、花蟹和水蟹（指体质消瘦的雄蟹）等几种规格，一般要求按类分池放养。选用已交配、个体大（150～200 g以上）的瘦蟹进行育肥较为普遍，瘦蟹的育肥时间短，经济效益好。在蟹种紧缺时，则可选用部分未受精的雌蟹放养，但要按雌雄3∶1的比例配以雄蟹混养，让其在池中自然交配受精，进而培育成膏蟹。

选用水蟹放养的，经过人工强化饲养，也可在短时间内达到肉质肥满的程度，成为优质的商品蟹。

3. 放养密度

育肥的放养量，要根据蟹种的种类、放养季节、饵料供应等条件来定。放养密度过大，容易发生相互钳斗而引起死亡；密度太小，则浪费水体，效益低。在广东汕头等地，12月至翌年2月，气候寒冷，锯缘青蟹活动少，池水较清，每亩可放养5 000只；3～5月和9～11月，水温较适宜，每亩宜放养3 000～4 000只；7～8月，气候炎热，且逢台风季节，雨水多，水温、盐度变化大，池水易变坏，每亩约放养2 000只。台湾通常每亩放养空母2 000～3 000只，锯缘青蟹与鱼、虾混养则密度减少，一般为每亩500～1 000只。

(五)饲养管理

1. 饵料及投喂

(1)饵料种类。锯缘青蟹育肥期间的饵料,应以低值贝类为主,如红肉蓝蛤、鸭嘴蛤、钉螺、蟹守螺、淡水螺蛳等,也可投喂少量小杂鱼、虾等。各地可因地制宜选择饵料种类,但所投饵料必须新鲜,以免影响水质。

(2)投饵量。应根据季节、天气变化、潮汛等不同而定,日投饵量一般为池内锯缘青蟹总重量的10%～15%。广东育肥锯缘青蟹,日投小杂鱼为蟹体重的7%～10%或红肉蓝蛤(带壳)30%～40%;泰国以低值鱼做饲料,日投喂量为蟹体重的5%～7%;在日本,夏季投饵量为锯缘青蟹体重的17%～20%,当水温15℃时投饵量为体重的7%～9%。

(3)投喂方法。一般每天早、晚各投饵一次,时间最好在日出或日落前后、涨潮时投,中午水温较高不宜投饵。饵料要均匀撒在池塘的四周,避免锯缘青蟹为争食而引起伤亡,同时也便于检查锯缘青蟹的摄食情况及清除残饵。

有些饵料要处理后才能投喂。大的鱼、虾需切碎后投喂,壳厚的螺、双壳类要先压碎壳,并冲洗净才能投喂。壳薄的小贝如红肉蓝蛤、寻氏短齿蛤等可鲜活投放。

2. 水质的调节

(1)正常水位的保持和换水。加水量不足,含氧总量少,水温变化大,水质也易变坏,对锯缘青蟹的生长、发育不利。所以要做到勤换水,并控制一定的水位。一般每隔2～3天换水一次,换水时新旧水的温度差、盐度差不宜太大。注入的水必须是新鲜的无污染的海水。暴雨后要换水一次,防止池水盐度太低。水位一般控制在1.0～

1.5 m,春季保持 1 m 水深,夏季池水保持在 1.3~1.7 m 深,寒潮来临前提高到 1.5~2.0 m 左右,为锯缘青蟹生长创造一个冬暖夏凉的水环境。

(2)清除残饵。残饵应及时清除,以免败坏池塘水质,影响蟹的生长。清除残饵宜在排水时进行,用耙或锄头搅动有残饵的地方,使其随水流出池外,并将贝壳等杂物捞起。

3.日常观察

(1)常巡池。坚持每天早、中、晚 3 次巡塘,观察池塘水色、水位和锯缘青蟹活动、摄食情况,检查闸门有无漏水、堤坝是否牢固、投放饵料是否适量等。尤其要注意锯缘青蟹有无浮头现象。锯缘青蟹浮头与鱼虾不一样,由于锯缘青蟹有逃避恶劣环境的能力,所以在池塘水质不良时,锯缘青蟹会爬出水面越堤逃跑,不能逃跑时,就停留在堤岸边或攀悬在池内的分隔网片上,甲壳前缘接近水面,后缘向上,整齐地排列着。浮头通常发生在夏天高温季节,无风闷热、低气压的傍晚和凌晨,或台风、暴雨到来之前,轻度者一被声音惊动就马上潜入水中,日出后很快会恢复正常;严重者会延续 4~5 小时,对惊动反应迟钝,此时必须采取急救措施,如开动增氧机、换水或投放过氧化钙等,否则会有泛池的危险。

(2)定期检查锯缘青蟹成熟情况。为了及时掌握全池锯缘青蟹成熟程度,要定期抽样检查。如果是用瘦蟹进行育肥,放养 10 天后每隔 3 天抽查一次。抽查方法是,涨潮开闸后锯缘青蟹集中在闸口戏水,可用抄网捞蟹,将蟹放在阳光或强光下观察其卵巢的饱满程度。成熟的锯缘青蟹放入桶,未成熟的放回池中继续饲养,并统计出各类成熟度,从而推算出全池蟹的成熟率,这是分析池内锯缘青蟹生长发育情况、掌握合理投饵数量、提高成膏率的有效方法。如果池内膏蟹比例大于花蟹,即可收捕,以防膏过满而排卵,降低蟹的质量,如果涨潮进水时池内锯缘青蟹过多集中在闸门口,游动又剧烈,说明投喂饵料不足,蟹卵巢区域的下方空、上方堕则是缺食所致,应增加投喂精饵料。

(六)锯缘青蟹的收获

在饵料充足和精心管理下,瘦蟹、花蟹经15~40天的饲养,即可育成膏蟹;水蟹、白蟹(指个体重150 g以上)经过20~50天饲养,也可育成肥壮的肉蟹而收获出售。膏蟹的卵巢已发育成熟,腹脐基部与头胸甲连接处显著隆起,用灯光或阳光透视,甲壳边缘看不到透明的痕迹,卵巢已进入甲壳两侧缘的锯齿内,俗称入棘,也称八分蟳或九分蟳,此时收获较合适。据群众经验,如果卵巢成熟过度,不仅蟹容易死亡,不利于存放和运输;而且也易导致产卵成为开花蟳(抱卵蟹),蟹的食用价值会大大降低。

育肥锯缘青蟹的收获方法很多,除养成中介绍的几种捕捞方法均可采用外,此处再介绍田字形育肥池收捕锯缘青蟹的方法。该法是利用锯缘青蟹的溯水习性,捕获时以抽水机注水,海水经小池进入蟹池,锯缘青蟹就会溯水游入中央小池内,然后视进入小池的蟹数,决定关闭水闸,再用手抄网从池中捕起。溯入小池的锯缘青蟹,一般有八成以上是膏蟹,因膏蟹的溯水习性较瘦蟹强,所以此法捕捞膏蟹最为理想,不但4个蟹池可轮流收捕,且能任意控制一天的捕获量。

四、锯缘青蟹的其他养殖方法

随着锯缘青蟹人工养殖业的发展,其养殖形式趋向

多样化,养殖技术得到逐步完善。除池塘养殖这一主要养蟹方式外,还有滩除围养、罩养、箱养、笼养、罐养及水泥池养殖等多种方式。这些养蟹方法各具特色,有一定的推广价值,已在部分沿海地区形成生产规模,并取得了良好的经济效益和社会效益。各地可根据本地区的滩涂、海况条件,蟹苗、饵料供应与社会经济状况、养殖要求、技术管理水平及商品蟹销售途径的不同,因地制宜地选择适于自己特点的锯缘青蟹养殖方式,以获取锯缘青蟹养殖的最佳效益,促进养蟹业的健康、快速发展。

(一)滩涂围栏养殖

20世纪80年代开始,我国东南沿海部分地区流行滩涂围栏养殖锯缘青蟹。该养殖方式的特点是利用潮差进行自然流水养殖锯缘青蟹,既可保持海湾的生态平衡,又能维持锯缘青蟹原来的生态习性,生活在这种良好环境里的锯缘青蟹生长快、养殖周期短、成活率高。实践证明,这是一项投资少、见效快、经济效益好的养蟹方式,技术容易掌握,深受群众欢迎。目前,按围栏材料的不同,滩涂围栏养殖锯缘青蟹的方式又可分为围栅养殖和围网养殖两种,前者在广西防城、合浦县沿海是一种普遍采用的养殖方式,后者在浙江南部沿海的玉环、瓯海、苍南等地较为常见。

1. 场地的选择

场地选择在内湾、岙口的中潮区或高潮区,以高潮区与中潮区交界地段,即小潮水高潮线附近较适宜。要求湾内浪小流缓,饵料生物丰富,滩涂平坦广阔,泥沙底质为好,背风浪的岙口最佳,湾内无大量淡水流经和工业污水的排入。

2. 围养池的建造

根据滩涂、海况条件和养殖需要,确定适宜的围养面积,一般以5~10亩为宜,大者可20~30亩,面积过大不利养殖管理和抵抗风浪的袭击。为创造适宜于锯缘青蟹生活的良好环境,保持退潮时围栏内的一定水位,应沿围栏四周修筑宽矮结实的土坝,建成潜水的围养池。一般坝高0.5~0.7 m,坝底宽1.2~1.5 m,顶宽0.6 m左右。在坝的迎潮面一侧开设进排水口,闸孔通常由水泥沙子涵管代替,也可石砌或水泥浇结而成,供海水进出、池内要挖有深0.5 m左右的环沟或中心沟,沟面积约占围养池面积的10%。为便于围池上部的蓄水,可在池内用小坝隔成田字形或梯形的小池,各小池内再挖小沟,并与大池沟渠相通。池内铺设一些缸片、陶管、竹筒等做隐蔽物,供锯缘青蟹栖息、隐居,减少自相残杀。

3.围栏结构

围栏用竹条做成,深插在潜水坝上,要高出当地最高潮位约1 m,每支插竹间隔1 cm左右,以潮水能自由进出,而锯缘青蟹不能外逃为限。围栅每隔1 m用木桩或水泥桩固定,竹条上下配有聚乙烯绳拉夹于桩柱上。围栅一侧设有活门,以供养殖管理之用。

围网采用网目2 cm、网线9股的聚乙烯网片。选择直径10 cm左右的毛竹做插杆,去掉毛竹顶端,根部砍削成楔形,牢固地插入土坝中,插杆间隔距离为2~4 m,每根插杆内外攀绳,以抵抗风浪冲击。将围网沿插杆拉开,上下配网绳绑在毛竹上,头尾相接,围成一圈。围网要高出当地最高潮位0.5~1.0 m,上端加设宽为0.3~0.4 m,内折成45~60°夹角的倒刺网,防止锯缘青蟹越网逃逸。网下端埋入潜水坝内侧泥中0.4 m左右,并用竹楔子钉住。在围网基部可采用双层网结构,以防水老鼠咬

网而逃蟹。

4. 苗种放养

要选用当年能养成商品蟹的苗种,除去断肢蟹、软壳蟹和病蟹,经严格挑选计数后入池,有条件的最好雌雄分养。浙南沿海每年6月中旬到7月上中旬均可在海区捕到天然幼蟹,这批夏苗放养密度为每平方米3只时,约经3~4个月养殖,即可达到商品规格。9月下旬至10月中旬的秋苗,需经越冬,至翌年4~5月再入池养成。围养育肥瘦蟹时,放养时间在8~9月份,放养密度可达每平方米3~4只。

广西沿海放苗时间多在5~7月和9~11月,每年可养2~3批。规格为每千克20~30只的幼蟹,每亩放养1 000只左右,在经3个月时间的养殖,一般可达到商品蟹。瘦蟹育肥1年可养5~6批。

5. 养成管理

(1)投饵。锯缘青蟹喜食甲壳动物和低值贝类,围养时可投喂蓝蛤、短齿蛤、钉螺蟹、毛虾、小杂鱼等,饵料必须新鲜。广西沿海8~9月,钉螺很肥,锯缘青蟹很爱吃,以钉螺(打碎壳)喂养,锯缘青蟹卵巢成熟快,肉肥满,质量好。

投饵量的多少,要视季节、潮流、水质和锯缘青蟹的活动情况而定,一般可按锯缘青蟹体重的6%~12%投喂。在大潮或涨潮时,在海区水温适宜(18℃~25℃)时,要增加投饵量;而在小潮或退潮时,在夏季高温多雨、池水混浊或冬季天气寒冷时,应减少或停止投饵。为防止天气异常时饵料短缺,可备一些干的小鱼虾或配合饵料。

根据锯缘青蟹的觅食习性,每天投饵1~2次,傍晚投喂日投饵量的60%以上,清晨可少投或不投。投喂时,把饵料均匀撒在池的滩面上,让强者、弱者都有机会吃到。

(2)水质管理。大潮水期海水能自然进出,池内水体能得到充分交换,不必担心水质变坏。小潮水时要及时蓄水,水位控制在0.5 m左右,夏季高温期要勤添、换水,遇有大暴雨时,应及时排去上层淡水,以防海水盐度突降。同时,定期进行理化因子测定。

(3)日常检查。围养锯缘青蟹的可行性,最关键的是看设施的抗风浪能力和防逃效果。因此,每天必须有专人巡逻看管,在每次退潮后检查池坝、插杆是否有倒塌,围网、倒刺网等有无破损,发现问题应及时修复。锯缘青蟹在夜间活动频繁,潮水上涨时也容易刺激锯缘青蟹越网逃跑,故应重视夜间巡查和观察涨潮时锯缘青蟹的活动情况。在大潮汛期间和台风来临之际,要加倍注意,确保安全生产。

围养锯缘青蟹的敌害生物主要有鰕虎鱼、中华乌塘鳢、四指马鲅等,常在锯缘青蟹蜕壳期间侵袭,有的甚至残食硬壳蟹。所以在整个养殖期间,可每隔15天左右,选择阴天、无雨的大潮退潮后一段时间,干池捕捉、清除敌害生物。水老鼠常在网脚处咬破网,可用药饵灭鼠。

(4)防止自相残杀。锯缘青蟹有自相残杀的习性,通常是因放养密度过高,投饵不足或生活环境不适等原因引起。因此,要控制适当的放养密度,投足优质饵料和改善锯缘青蟹的生活环境。在围养池内可设置缸片等作为隐蔽物,供锯缘青蟹隐居。每个小缸可敲为两片,凹面向下轻按在滩面上,缸片成垄状排列,并插上树枝作标记,以保证管理人员的安全。

6. 收获

围养锯缘青蟹要适时收捕出售。因为雄蟹经多次交

配后,肉质消失,外壳硬厚,变成外强中干,失去肉蟹的食用价值,而且体弱后易出现成批死亡。交配后的雌蟹,经30~40天饲养便可成膏蟹,若任其过熟会导致排卵成为"开花蟹"。浙江沿海一般9月中、下旬开始收捕雄蟹,要求在10月底前将池内锯缘青蟹收捕完毕。广西沿海常年水温较高,一年四季均有放养,故多采取轮捕轮放的形式,适时选捕锯缘青蟹。收获的雌蟹最好转入池塘育肥,以获得更高的经济效益。

(二)罩网养殖

罩网养殖(图 2-15)是在潮间带滩涂上挖池,上面罩盖网片进行锯缘青蟹养殖的一种方式。罩式养蟹除有围网养蟹的利用涨退潮自然换水的优点外,还因其有设施坚固、抗风浪能力强和面积小、适宜独家独户进行小规模养殖的特点,而深受浙江部分群众的欢迎。

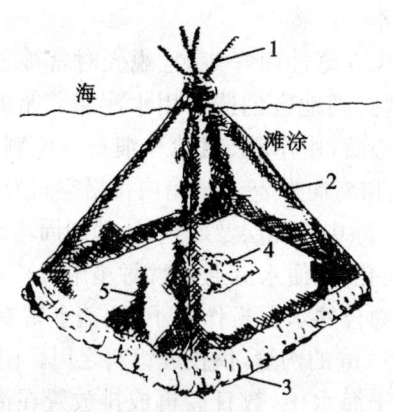

1.毛竹;2.网片;3.矮土坝;
4.蟹岛(供蟹休息);5.网门(供养殖者进出之处)

图 2-15 锯缘青蟹罩网养殖

罩养池呈正方形,面积一般为 10 余平方米,池内开沟和垒土堆,池周筑埂,埂高 0.5 m 左右。池的四角用 4 根毛竹交叉支撑成尖顶形,池中央的小土堆上插立 1 根毛竹柱,维持罩体的稳固。竹架外覆盖网目 1 cm、网线规格为 3 cm×3 cm 的聚乙烯网片,网片四周边缘埋入土埂约 0.5 m,网罩一侧设有一活动口供投饵和管理之用。

罩养锯缘青蟹不仅适宜在内湾滩涂,而且由于其抗风浪能力强,也适宜在开放性海区养殖。锯缘青蟹的养成和育肥均可采取罩养方式,罩内锯缘青蟹放养密度为每平方米 4~5 只,涨潮时水深 2 m 左右,退潮后水深约 0.5 m。除涨潮时带进罩网内的小鱼、虾等供锯缘青蟹摄食外,还应适当人工投喂饵料作补充。

罩养锯缘青蟹的环境条件良好,锯缘青蟹生长迅速,饵料省、成本低,经济效益高。

(三)箱养

鉴于锯缘青蟹性凶好斗,且蜕壳时常被强者所残食的情况,台湾澎湖地区创造了用水泥箱养蟹的方法。水泥箱形如空心砖,由水泥、粗砂和细石等调制而成,箱体长 60 cm、宽和高均为 28 cm,箱内每格空间为 27 cm×24 cm×26 cm。除中间隔层及底壁外,箱四周均设有一直径为 2 cm 的圆孔,以便水流通过。每箱附有一厚 2 cm、大小与箱子相吻合的水泥板作盖子,顶盖上留有两条长 15 cm、宽约 1.5 cm 的沟缝,供投放饵料之用。使用时,先将水泥箱浸泡于海水中,数日后再成排放置在潮间带滩涂上或海塘中,平均每平方米水面放水泥箱 6 个。箱底铺少许细沙,每格放入 1 只甲壳宽约 3 cm 以上的蟹苗或空母,即每平方米水面可放养锯缘青蟹 12 只,放养后即可按时或在退潮时给饵。

浙江省苍南县沿海群众曾用形似啤酒箱的木条或竹条制成的箱子养殖锯缘青蟹,箱体规格为长 50 cm、宽 60 cm、高 20~25 cm,每箱放养锯缘青蟹 2~3 只,将箱置于潮间带的洼地,退潮后仍有部分箱体浸在海水中。广西合浦县采用扁平木条制成缝隙的大木箱,半埋(固定)在滩涂上,视木箱大小投入适宜数量的蟹苗,在箱内养殖。

箱式养蟹的优点是:

(1)可避免或减少锯缘青蟹之间互相残食和蜕壳后被侵害的机会,而可获得较高的存活率;

(2)每平方米放养锯缘青蟹可达 12 只(池养 2~4 只/平方米),放养密度大大增加;

(3)在浅海潮间带,可利用涨落潮更换海水;

(4)开箱收蟹,捕获方便。

但也有以下缺点:

(1)饵料必须逐个(格)投放,故投饵和检查残饵等工作费时、费力;

(2)水泥箱较笨重,制作成本也较高;

(3)水泥箱在搬运和受潮间带海水冲击时易破碎。

(四)笼养

笼式养蟹的原理与箱式养蟹相类似,在浙江、广西等地沿海均有使用。按材料不同可分为竹笼和网笼。笼子用竹片编织、钉制而成的称竹笼,规格很多,例如:0.25 m×0.25 m×0.25 m;0.6 m×0.4 m×0.5 m;1.0 m×0.5 m×0.5 m(长×宽×高)等的笼子每笼放养锯缘青蟹 1~4 只。浙江苍南县赤溪群众采用规格为 2.0 m×(0.6~0.8) m×(0.3~0.4) m 的大笼,并将笼分隔成双排小格,共 12 小格,每小格放养锯缘青蟹 1 只,笼盖上设有投饵用的孔或活门,笼四角绑有浮绳,以便起笼操作。养殖时,将笼子排列放在天然海区风浪较小的内湾,或海塘内(塘内可混养适量的对虾和白虾),日投饵量为锯缘青蟹体重的10%左右,饲养20～30天,可增重25%～30%。体重约50 g的小蟹,经3个月左右养殖,可长至200 g以上的成蟹,回捕率可达100%。

网笼是用8～10号镀锌铁丝或塑料圈做笼架,外面再围以较粗的聚乙烯绳编织成的网片,规格为长0.6～0.8 m、宽0.3～0.4 m、高0.5 m,每个笼可放养200～300 g重的锯缘青蟹2～3只。

印度的蟹农是先把小蟹苗放在竹编成的篮式笼内养殖3个月,然后移入由木板条制成、内分10个隔间的盒式笼内继续饲养,投喂的饵料是杂鱼和蛤肉。

(五)罐养

罐式养殖锯缘青蟹在海南省万宁港北港已相当普遍,广东湛江市坡头区、广西合浦县和浙江苍南县沿海也有这种养殖方式。万宁采用专门制造的高、宽各为20 cm左右的鼓形瓦罐,周围有小洞能让海水流通,顶部有盖,平时缚好固定,盖中有直径3 cm左右的圆孔,便于从孔中投放饵料。或利用现有的菜坛,周围打孔后养蟹。每个罐放养锯缘青蟹1只,把罐放于低潮带或最低潮不露出的内湾中养殖,每亩水面可放罐3 000多个,养殖2～3个月锯缘青蟹便可达到商品规格。

浙江苍南沿海使用霉豆腐陶罐养蟹,其规格为口径14.5～17.5 cm、筒径26 cm、高4～28 cm,罐口用铅丝编网或废旧塑料网衣或中央挖有小孔的木板封盖,口盖可活动操作,便于投饵和检查锯缘青蟹的摄食、生长情况。每罐放养锯缘青蟹1只,罐斜放在潮间带滩涂上或池塘里,退潮后罐内仍留有少量积水。投喂招潮蟹、小鱼虾等

饵料,每日投饵两次,日投饵量掌握在锯缘青蟹体重的8%~10%,以稍有残饵为宜。注意经常清洗罐内残饵。广西沿海是把有多个进、排水孔的瓦瓮半埋(固定)在有红树林遮荫的滩涂上,用塑料盖封住瓮口,每个瓦瓮放进1只锯缘青蟹养殖。

罐式养蟹的特点是,可避免锯缘青蟹互相残杀,养殖成活率高;投饵易掌握,采取精管细养,锯缘青蟹生长快。但也有管理麻烦,费时费力的缺点,且容易被人盗蟹。

(六)水泥池养殖

在水泥池中养殖锯缘青蟹,有室内、室外之分。在福建泉州市沿海常见滩涂水泥池养殖锯缘青蟹。水泥池设置在中、低潮带,池的面积多数为 $150\sim350\ m^2$,池从滩面挖下 $2.5\ m$ 深,铺沙 $0.5\ m$,池边有投饵台和排污设施,池顶用网片围盖起来,以防止锯缘青蟹外逃。

随着我国海水养殖业的发展,沿海建起了数以千计的育苗场,育苗水体几十万立方米,投资几亿元,但由于这些育苗场苗种生产单一,每年只育 $1\sim2$ 茬苗,甚至只能使用 $2\sim3$ 个月,育苗池、厂房设备等利用率较低,人力的浪费也较大,所以很多育苗场效益低。为探索育苗场的综合利用问题,浙江省苍南县马站对虾育苗场进行了室内水泥池养殖锯缘青蟹的尝试。原对虾育苗池,规格是 $5.0\ m\times5.0\ m\times1.5\ m$,依据锯缘青蟹的生活习性,模拟自然生态环境,在池底的 $1/2$ 处铺垫厚约 $20\sim35\ cm$ 的细沙,斜向排水孔,并在沙上投放一些砖、瓦和海泥等,形成洞穴和假岛,供锯缘青蟹隐蔽和栖息生活。池水深约 $40\ cm$,由育苗用沉淀池提供清洁海水,每隔 $2\sim4$ 天换水一次。以招潮蟹、钉螺和小鱼虾为饵料,投饵量为锯缘青蟹总体重的 8% 左右,投饵的时间在每天傍晚。1988

年 7 月 15 日放养壳宽约 5 cm 的锯缘青蟹 175 只，10 月 30 日收获锯缘青蟹 34.1 kg，个体平均重 238.5 g，成活率达 81.7%。此方法养蟹的水环境好，锯缘青蟹生长快，成活率高，是综合利用育苗设施的有效途径之一。由于一般对虾育苗场均有充气、增温等设备，故今后有待在增加放养密度、冬季养殖或育肥方面进行尝试，为工厂化精养锯缘青蟹开创路子。

五、锯缘青蟹越冬

锯缘青蟹是一种广温性的底栖动物，其对水温的适应范围在 15℃～30℃之间，最适宜的生长水温是 18℃～25℃。水温低于 16℃时，锯缘青蟹的活动时间缩短，摄食量明显减少；水温降至 14℃～12℃，锯缘青蟹只在晚间作短暂活动，并开始挖洞穴居；水温降至 10℃左右，锯缘青蟹行动缓慢，反应迟钝；当水温降至 7℃，则完全停止摄食与活动，整个身体藏在泥沙里，进入休眠状态，以度过不良环境；水温低至 3.5℃或连续几天低于 6℃时，锯缘青蟹则会死亡。因此，所谓锯缘青蟹越冬，就是利用人为因素，创造适宜的水温环境条件，使当年未能达到商品规格的锯缘青蟹或已交配过的雌蟹，安然地度过寒冷的冬天。

（一）锯缘青蟹越冬形式

由于自然条件等不同，各地所采取的越冬形式也不一样。按越冬蟹的规格大小可分为幼蟹越冬、成蟹越冬和亲蟹越冬；从越冬形式看，可分为室外越冬、室内越冬；从越冬池结构和供热保温方法来看，又可分为土池越冬、水泥池越冬和大棚越冬、加热越冬等。

在我国东南部沿海，天然锯缘青蟹苗资源丰富。据我们调查，浙江沿海每年 4～11 月都可在海区捕到天然

蟹苗,但幼蟹出现的旺汛期有两个:一是6月中旬至7月份(夏至、小暑前后),俗称"夏蛘";二是9月中旬至10月中旬(秋分前后),俗称"秋蛘"。"秋蛘"苗的数量虽不如"夏蛘"多,但也不可低估。1985年,仅苍南县沿海就捕获"秋蛘"苗近百万只,这批蟹苗因当年不能养成,需要经过越冬,至次年再饲养3~4个月后才能达到商品规格。通过越冬,既提高了蟹苗的利用率,又为第二年提前开始养成和提高经济效益创造了条件,故在目前锯缘青蟹人工育苗技术尚未完全应用于生产的情况下,进行幼蟹越冬的意义尤为重要。在广东、广西、海南、福建和台湾等省沿海,冬季的自然水温较高,锯缘青蟹一般均能在天然气候条件下安全越冬。浙江南部沿海,气候比较温和,只需稍加人为因素,如采取提高池塘水位等办法,锯缘青蟹就可在室外土池中越冬,且越冬的成活率较高。浙江椒江以北沿海,由于冬季寒冷,温度较低且持续时间长,一般需有增温、保温设施的室内水泥池越冬。也可在搭有塑料薄膜大棚的室外池塘中进行锯缘青蟹越冬。

(二)锯缘青蟹越冬设施

1. 土池

多采用原养殖池进行越冬,也可另建专门的越冬池。池塘面积从几十平方米至上千平方米不等,但不宜过大。池塘东西走向、避风向阳为好,有机质少,池底为泥或泥沙质。池内挖有环沟和中央沟,沟宽1~2 m,沟深0.5~1.0 m,滩面水深为0.7~1.5 m。

2. 水泥池

室内水泥池越冬锯缘青蟹,可利用现有的虾蟹类、贝类、紫菜等育苗设施。池子大小依据具体情况,以10~60 m^2 为适宜,池底铺垫一层厚约20~40 cm的泥沙,适当投置一些陶管和砖瓦,形成洞穴和"蟹屋",以供锯缘青蟹栖息、匿居。野外水泥池的池底为沙泥质,池壁是砖、石和水泥结构,水深在1.5 m以上。

3. 加热保温设施

根据气候条件和锯缘青蟹越冬水温要求,可在越冬池北堤上用稻草或泥土筑高1~2 m的挡风墙,抵挡寒冷的北风;在室外池塘上可搭建以毛竹做棚架、塑料薄膜覆盖的弧形"保温棚",薄膜四周边缘用泥土封压,棚顶再披盖一层破旧网,以防大风吹掀。棚两端留有通风和管理用的活门。有条件的,还应配充气设备,所充入的气经过热处理,使池水既增氧又增温;在室内越冬的,除在水泥池上搭置平顶形的薄膜棚外,还可用电热棒、鱼池加热器、锅炉供热等方法,进行增温、保温,以维持池内水温的适宜和稳定。

(三)锯缘青蟹越冬方法

1. 越冬前的准备工作

在11月上、中旬气温开始下降时,需整修越冬池:先把池水排干,清除池内的污泥,修补池坝,曝晒池底数日。并检查供排水、充气设施等。水泥越冬池要经多次浸泡洗刷,并用20 g/m³水体的高锰酸钾溶液或50~100 g/m³水体漂白粉溶液消毒,经数小时或1天后再用海水清洗干净。

2. 锯缘青蟹入池

越冬之锯缘青蟹,要求体肢无伤、无残、无病,入池前最好经200~250 mL/m³水体的福尔马林溶液浸泡2~3分钟。放养密度以每平方米2~4只为宜。

3. 越冬管理

锯缘青蟹越冬期间管理工作主要是控制水环境、投饵、换水和巡池等。为使锯缘青蟹安然越冬,水温要控制在9℃以上,并以11℃～12℃为宜;盐度10～30较好,防止池水盐度突变;pH值在7.8～8.5之间;溶解氧维持在3 mg/L以上;光线宜稍暗,切忌强光刺激。

锯缘青蟹在越冬期间深居洞穴,洞长可达1.5～2.0 m,故一般池内滩面水深控制在0.5 m左右即可。为改善水环境,增加池底的硬度以免软泥埋没洞口,可在天气较暖之时,进行短暂的干水曝晒池底。如遇寒潮下雪、冷空气则应加高水位,以保持底层水温的相对稳定。越冬期间以新鲜的小杂鱼、甲壳类和贝类肉为饵料,水温在12℃以上时,日投饵量为锯缘青蟹体重的3％～8％;12月下旬至次年2月水温降至12℃以下,应少投饵,降至10℃则可停止投饵;春季当水温回升到14℃后,越冬锯缘青蟹陆续出洞活动和觅食,此时要适当增加投饵。

一般在大潮汛时换水,视水温、锯缘青蟹活动情况及水色变化,决定换水时间和换水量,一般每周换水1～2次,换水时水温差不得超过±1℃。室内越冬池可根据水质和换水量情况,掌握充气增氧时间,一般每天早晨4～5时和傍晚18时左右均要开动增氧机,每次1～2小时,加棚盖保温的小水泥池可在晚间进行连续充气,增加池水溶解氧量。

越冬期间必须坚持每日巡池,注意水温和水色变化,观察锯缘青蟹的动态,检查闸门、堤坝等设施,及时清除残饵。

六、养成、育肥期间病害防治

在锯缘青蟹的养殖过程中,由于池底污泥严重,气候变化、水温和盐度突变,以及有害生物的产生。若不及时采取防治措施,不仅会影响锯缘青蟹正常的生长、发育,严重时还危及锯缘青蟹的生命,造成大量死亡。因此,病害防治工作是锯缘青蟹养殖管理的关键一环,必须引起养蟹者的高度重视。

当前,对锯缘青蟹养殖的病害及其防治研究了解得不多,应采取预防为主、防治结合的方针,尽量排除致病因素,增强锯缘青蟹体质和抵抗力,减少病害的发生,以达到锯缘青蟹养殖高产、高效益的目的。

(一)弧菌病

该病病原已发现许多革兰氏阴性细菌,其中有数种弧菌,包括能使人类食物中毒的副溶血弧菌。病蟹身体瘦弱,呈昏迷状态,往往大批死亡。从病蟹中刚抽出的血淋巴,用高倍显微镜通常可以看到细菌。在组织中,特别是鳃组织中,有血细胞和细菌聚集而成的不透明的白色团块,在濒死或刚死的病蟹体内有大型的血凝块。

防治方法:此病应以预防为主。在捉拿蟹时要小心,避免摩擦受伤,防止细菌侵入体内。养蟹的器材应经常洗刷消毒,保持清洁,养蟹用水定时消毒处理,发病时同时内服加复方新诺明或盐酸土霉素0.1%的药饵,连喂7~14天。

(二)甲壳溃疡病

蟹类的甲壳溃疡病的病原是一些能够分解几丁质的细菌。病蟹的甲壳上有数目不定的黑褐色溃疡性斑点,在蟹的腹面较为常见。溃疡处有时呈铁锈色或被火烧焦的样子,所以也叫壳病、锈病、烧斑病。早期的症状为一些褐色斑点,斑点的中心部稍凹下,呈微红色。到晚期,溃疡斑点扩大,互相连接成形状不规则的大斑,中心处有较深的溃疡,边缘变为黑色。溃疡一般达不到壳下组织,

在蟹子蜕壳后就可消失,但可继发性感染其他细菌或真菌病,引起病蟹的死亡。

防治方法:预防措施主要是在蟹的捕捞、运输、饲养过程中,操作要细心,防止受伤;放养密度不要太大;发现病蟹后及时隔离治疗或除掉。治疗方法可全池泼洒甲醛溶液,使池水中甲醛 20~25 mL/L,泼 1 次或隔 1~2 天再泼 1 次;也可全池泼洒盐酸土霉素 2.5~3.0 mg/L,连用 5~7 天;在全池泼洒药物的同时,将盐酸土霉素混入饵料中投喂,每千克饵料加 0.5~1.0 g,连续投喂 5~7 天。

(三)拟阿脑虫病

此病病原为蟹栖拟阿脑虫 *Paranophrys carcini*。虫体呈葵花籽型,前端尖,后端钝圆。虫体大小平均为 46.9 $\mu m \times 14.0\ \mu m$,最宽在后 1/3 处。虫体大小与营养有密切关系。全身具 11~12 条纤毛线,多数略呈螺旋行排列,具均匀一致的纤毛。身体后端正中有一条较长的尾毛。体内后端靠近尾毛的基部有 1 个伸缩泡。身体前端腹面有 1 个与体形略相似的胞口。蛋白银染色的标本可看到口内有 3 片小膜,口右边有 1 条口侧膜。大核椭球形,位于体中部。小核球形,位于大核左下方,或嵌入大核内。繁殖方法为二分裂和接合生殖。

拟阿脑虫对环境的适应力很强,但不耐高温,生活的水温范围为 0℃~25℃,生长繁殖的最适水温为 10℃左右;生长繁殖的盐度范围为 6~50,pH 值为 5~11。

拟阿脑虫最初是从伤口浸入蟹体内的,到达血淋巴后,迅速大量繁殖,并随着血淋巴的循环,到达身体个器官组织。在疾病的晚期,血淋巴中充满了大量虫体,使血淋巴呈浑浊的淡白色,失去凝固性,血细胞几乎被虫体吞噬。虫体进入到鳃或其他器官组织后,因虫体在其中不停地钻动,使鳃及其他组织受到严重的机械损伤,最终造成锯缘青蟹的呼吸困难,甚至死亡。

对感染初期的锯缘青蟹,主要从伤口刮取溃烂的组织在显微镜下找到虫体来诊断。在感染的中后期,虫体已钻入了血淋巴,并大量繁殖,布满全身各个器官组织内。在显微镜下观察,可以看到大量的拟阿脑虫在血淋巴及其他组织中游动。

预防措施:锯缘青蟹用淡水或甲醛溶液 300 mL/m³ 浸泡 3～5 分钟,严防锯缘青蟹受伤,投喂鲜饵并经消毒处理,用水应严格过滤,发现病蟹立即捞出,防止虫体从死蟹内逸出,扩大污染。

治疗方法:在患病初期,即虫体仅存在于伤口浅处时尚可治愈;当虫体已进入血淋巴中大量繁殖时,则无有效治疗方法。用淡水浸泡 3～5 分钟;甲醛全池泼洒,使池水中甲醛溶液浓度为 25 mL/L,12 小时后换水。

1999 年作者在进行育苗生产时购进越冬蟹 60 只,锯缘青蟹受外伤较多,入池水温 18℃,在渐升温的过程中,锯缘青蟹死亡严重,对濒死蟹、刚死蟹进行镜检发现血淋巴及其他组织如鳃、肌肉等已感染大量的拟阿脑虫;对活力差的受伤蟹镜检,也有不同程度的感染。用甲醛溶液处理,未能有效地控制亲蟹的死亡。当水温升至 23℃后对亲蟹镜检很少有拟阿脑虫检出,25℃后对濒死蟹、刚死蟹及活力差的受伤蟹未镜检出拟阿脑虫,这与拟阿脑虫生态习性相符合。因此,在育肥、越冬或亲蟹培育期间发现拟阿脑虫后,快速将培育水温提升至 25℃以上可以很好地控制拟阿脑虫的感染。

(四)微孢子虫感染症

未解剖前可从病锯缘青蟹附肢关节或蟹脚的外壳上

看到呈粉红色的病变,在灯照下可透视到肌肉呈白浊样病灶。当剖开后可更清楚看到肌肉以感染程度的不同而呈广泛性苍白、混浊,触感呈柔软或湖状。体内血淋巴液由具粘性与蓝青色的正常外观转变为混浊且凝固时间延长的变性血淋巴。病蟹不能正常洄游,在环境不良时容易死亡。取变白不透明的肌肉,做水浸片或涂片后用吉姆萨染色,在显微镜下看到孢子,即可确诊。

此病尚无有效的治疗方法。尽量减少养殖过程中的各种协迫因子的发生是预防此病发生的最有效方法之一。发现病蟹后及时清除,以免健康的锯缘青蟹摄食后受到感染,同时将养蟹的池塘等设施用漂白粉彻底消毒。捞出的病蟹应煮熟或深埋在远离水源或养蟹的地方,防止病蟹肌肉中的孢子散出后进入养蟹水体引起流行病。

(五)饱水病

锯缘青蟹的步足基节和腹节的部位呈水肿状。此病是因池水太淡,导致锯缘青蟹生理机能失调而引起的。在内湾捕获到锯缘青蟹亦有发现此病。

防治方法:保持池水盐度在适宜范围,可预防此病的发生。发病时,必须将病蟹分开饲养,以免传染。及时调节池水的盐度,能使轻病者得到挽救。

(六)白芒病

病蟹步足基节的肌肉呈乳白色(健康者呈蔚蓝色),折断步足会流出白色的黏液。本病出现在瘦蟹(初交配的雌蟹),是由于海水盐度突然变低而引起锯缘青蟹的不适应症。

防治方法:加大换水量,改善池塘水质,保持海水盐度在适宜范围和相对稳定,是预防此病发生的根本方法。发病时,使用盐酸土霉素等制成的药物饵料(每1 kg配合饵料中加药 0.5~1.0 g)投喂,有一定效果。

(七)黄芒病

锯缘青蟹步足基节的肌肉呈粉黄色。此病被认为是赤潮生物所导致。

防治方法:防止池水污染和赤潮水进入蟹池。病情较轻时,可用含盐酸土霉素的药物饵料投喂治疗。

(八)红芒病

锯缘青蟹步足基节的肌肉呈红色,使步足流出红色粘液。此病多出现在卵巢发育较成熟的雌蟹(花蟹和膏蟹)。实际上是卵巢组织腐烂,未死先臭。

防治方法:其病因是由于内湾海水盐度突然升高,渗透压等生理机能不能适应引起的。因此,预防措施应是控制池水盐度在适宜范围,并注意盐度的相对稳定。一旦发现病蟹,就应分开饲养。如能采取加注淡水等方法,及时调节池水的盐度,其病情可得到一定程度的缓解。

(九)黄斑病

在锯缘青蟹螯足基部和背甲上出现黄色斑点,或在螯足基部分泌出一种黄色黏液,螯足的活动能力减退,进而失去活动和摄食能力,不久即死亡。剖开甲壳检查,在其鳃部可见像辣椒籽般大小的褐色异物。发病时间多在水温偏高和雨水较多的季节。

防治方法:此病可能是由于投喂变质饵料及池水盐度降至 5 以下所致。预防的措施是投喂饵料要新鲜,多投活体饵料如蓝蛤等,加强池水盐度、水温的管理。发现病蟹应及时捞出隔离饲养,以防蔓延,并多换新鲜海水。

(十)蜕壳不遂症

锯缘青蟹的头胸甲后缘与腹部交界处已出现裂口,但不能蜕去旧壳,而导致蟹的死亡。后期的成蟹常发现

此病,严重地影响养殖的成活率,损失很大。

其病因可能与以下因素有关:

(1)缺氧。锯缘青蟹蜕壳时呼吸非常急促,需要特别多的氧气,在水流畅通的地方,每次蜕壳仅需 10～15 分钟。而在静水低氧或遇惊扰,强刺激的条件下,就会延长蜕壳时间,甚至蜕壳不遂而死亡。

(2)缺乏钙质、甲壳素、蜕壳素等锯缘青蟹蜕壳所必需的物质。

(3)锯缘青蟹体质差、离水时间太长和水温等不适宜。实践中发现,在干旱和离水时间较长的锯缘青蟹中,发现此病的较多,这可能是旧壳与新体之间水分干涸,造成连贴之故。

(4)池水盐度高,换水量少,久未蜕壳,而引起蜕壳困难。

防治方法:在蟹池中设法调节最适宜的盐度,加大换水量,保持水质新鲜和氧气充足;投放少量石灰;在饵料中添加含钙质丰富的物质,多投喂小型甲壳动物和贝类,对防治锯缘青蟹蜕壳不遂有良好效果。

(十一)蟹奴

蟹奴 Sacculina sp.(见图 2-16)属蔓足类动物,雌雄同体,体柔软而呈椭球的囊状,褐色,既无口器,也没有附肢,只有发达的生殖腺及外被的外套膜。蟹奴寄生在蟹的腹部,虫体分蟹奴外体 Sacculina externa 和蟹奴内体 Sacculina interna 两部分,前者突出在寄主体外,包括柄部及孵育囊,即通常见到的脐间颗粒;后者为分枝状细管,伸入寄主体内,蔓延到蟹体躯干与附肢的肌肉,神经系统和内脏等组织,形成直径 1 mm 左右的白线壮分枝,用以吸取蟹体营养。病蟹虽一般不会引起死亡,但能影响生长和性腺发育,甚至有的蟹到成熟期也看不见精巢和卵巢,凡被感染的蟹均失去生殖能力。寄生在雌蟹的不能育成膏蟹;寄生在雄蟹的则使其显得格外瘦弱。感染严重者,蟹肉有特殊味道,不能食用。渔民称这种病蟹为"臭虫蟹"。

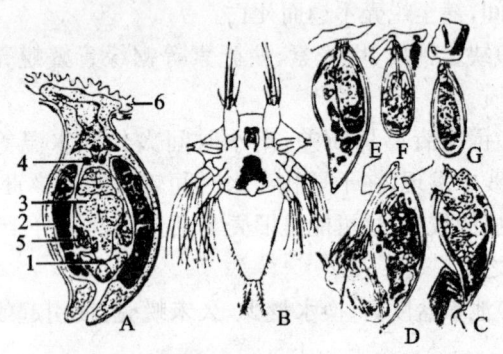

A. 成虫的纵切面　B. 六肢幼体　C. 金星幼体
D～G. 用刚毛固着以后各发育阶段
1. 神经结;2. 外套深处的卵块;3. 卵巢;4. 精巢;
5. 副生殖腺;6. 根状突起

图 2-16　蟹奴

防治方法:①选择苗种时应把蟹奴剔除掉;②放养前要严格清池,通常用漂白粉等药物杀灭池内蟹奴;③经常检查蟹体,发现锯缘青蟹被蟹奴寄生,应立即将病蟹取出,并用 0.7 g/m³ 水体硫酸铜和硫酸亚铁合剂(比例为 5:2)泼洒全池,进行清除。

(十二)鳃虫

鳃虫 *Bopyridae*,为等足类动物,通常寄生在蟹类的鳃腔内。雌雄体形差异较大,雌性较大,不对称,常怀有大量的卵,使卵袋膨大。雄性体细小,对称,常贴附在雌体腹面的卵袋中。鳃虫一旦吸附于宿主体就不甚活动,寄生在蟹的鳃腔者,可使蟹的头胸甲明显膨大隆起,像生了肿瘤一般。其危害主要有:①不断消耗寄主的营养,使之生长缓慢、消瘦;②压迫和损伤鳃组织,影响呼吸;③影响性腺发育,甚至完全萎缩,失去繁殖能力。

防治方法:本病主要发生在蟹种时期,发病率较少,目前惟一的办法是在蟹种放养时剔除病蟹,无其他药物防治方法。

(十三)海鞘

海鞘 Ascidia spp.,为尾索动物,外形很像一把茶壶。壶口处为入水管孔,壶嘴处为出水管孔,壶底便是身体的基部,附在其他物体上,行固着生活。身体表面有一层粗糙坚实的被囊,使身体得到保护并维护一定的形状。在入水管孔的下方,有一片筛状的缘膜,其作用是滤去粗大食物,只容许水流和微小食物进入咽部。咽部内壁有纤毛;背壁(出水管位于背方)和腹壁又各有一沟状构造,分别称为背板和内柱,能分泌粘液粘着食物。食物被粘成小粒后即随纤毛推动的水流,进入胃和肠中。消化后的食物残渣,经出水管孔排到体外。

防治方法:海鞘常附着在锯缘青蟹腹部的侧基部。防治方法是在选择苗种时应把海鞘剔除;适当降低盐度,勤换水,保持水质清洁。

(十四)茗荷(儿)

茗荷(儿)Octolasmis(见图2-17),属有柄蔓足类动物,头部侧扁,固着的一端称吻端,相反的一端称峰端,两边由5片壳板组成。最顶端的一对称背板;生吻端基部的一对称楯板;峰端壳板一块包左右两侧,其中线上有纵脊一道犹如山峰,故称峰板。各壳板之间有软膜相连,间片楯板之间有外套的开口。体外观似白兰花蕾。

图 2-17 茗荷(儿)

茗荷常附着在锯缘青蟹的鳃部或口肢上。如果池水盐度较高,久未蜕壳的蟹,其鳃往往附着很多茗荷,影响锯缘青蟹的正常呼吸,严重者会因窒息死亡。

防治方法:降低池水盐度,或加大换水量,投足饵料促使蜕壳。锯缘青蟹蜕壳时会将茗荷一起蜕掉。少量锯缘青蟹被茗荷等附着,也可将其放在1‰的福尔马林溶液中浸浴杀灭。

(十五)乌塘鳢鱼

乌塘鳢鱼 *Bostrichthys sinensis*(Laceped),俗称蟳虎(闽南语)、蜻蜓虎(温州瓯语)。隶属于硬骨鱼纲、鲈形目、鰕虎鱼亚目、塘鳢鱼科、乌塘鳢鱼属。乌塘鳢鱼体延长,前部圆筒形,后部侧扁;尾柄长而高;头颇宽,略平扁;口宽大,前位,倾斜;前鳃盖骨边缘光滑无棘;犁骨具齿;体及头部均被小圆鳞;无侧线;尾鳍基底上端有一带白边的大形黑色眼状斑。

乌塘鳢鱼为近内海暖水性小型鱼类。大多栖息于近内海滩涂的洞穴中,也栖息于河口或淡水内。摄食虾类、小蟹和蟹类。捕食蟹类时,有意让蟹咬住尾鳍,突然抛尾,将蟹壳打破,然后食之。我国产于南海、东海和台湾海峡。肉味美,营养价值高,是沿海名贵的食用鱼类。

由于乌塘鳢鱼主食蟹类,所以是锯缘青蟹养殖最主要的敌害生物,危害很大。

防治方法:每立方米水体用鱼藤根 4~5 g(干重)或茶籽饼 15~20 g 严格清池,并注意在蟹池死角、洞孔内亦应施药杀鱼。注入池中海水用筛网过滤,以防止乌塘鳢鱼等敌害生物侵入蟹池。蟹池中发现敌害鱼类时,也可用茶籽饼毒池,浓度为 15~30 g/m^3 水体。施药后 3 小时左右加注海水,冲淡茶籽饼浓度。

附 录

附录一 农产品安全质量 无公害水产品产地环境要求(GB/T 18407.4—2001)

1 范围

GB/T 18407 的本部分规定了无公害水产品的产地环境、水质要求和检验方法。

本部分适用于无公害水产品的产地环境的评价。

2 规范性引用文件

下列文件中的条款通过 GB/T 18407 的本部分的引用而成为本部分的条款。

凡是注日期的引用文件,其随后所有的修改单(不包括勘误的内容)或修订版均不适用于本部分,然而,鼓励根据本部分达成协议的各方研究是否可使用这些文件的最新版本。凡是不注日期的引用文件,其最新版本适用于本部分。

GB/T 8170 数值修约规则

GB 11607—1989 渔业水质标准

GB/T 14550 土壤质量 六六六和滴滴涕的测定 气相色谱法

GB/T 17134 土壤质量 总砷的测定 二乙基二硫代氨基甲酸银分光光度法

GB/T 17136 土壤质量 总汞的测定 冷原子吸收分光

光度法

GB/T 17137 土壤质量 总铬的测定 火焰原子吸收分光光度法

GB/T 17138 土壤质量 铜、锌的测定 火焰原子吸收分光光度法

GB/T 17141 土壤质量 铅、镉的测定 石墨炉原子吸收分光光度法

3 要求

3.1 产地要求

3.1.1 养殖地应是生态环境良好,无或不直接受工业"三废"及农业、城镇生活、医疗废弃物污染的水(地)域。

3.1.2 养殖地区域内及上风向、灌溉水源上游,没有对产地环境构成威胁的(包括工业"三废"、农业废弃物、医疗机构污水及废弃物、城市垃圾和生活污水等)污染源。

3.2 水质要求

水质质量应符合 GB 11607 的规定。

3.3 底质要求

3.3.1 底质无工业废弃物和生活垃圾,无大型植物碎屑和动物尸体。

3.3.2 底质无异色、异臭,自然结构。

3.3.3 底质有害有毒物质最高限量应符合表 1 的规定。

表1

项 目	指 标(mg/kg,湿重)
总汞	≤0.2
镉	≤0.5
铜	≤30
锌	≤150
铅	≤50

(续表)

项 目	指 标(mg/kg,湿重)
铬	≤50
砷	≤20
滴滴涕	≤0.02
六六六	≤0.5

4 检验方法

4.1 水质检验

按 GB 11607 规定的检验方法进行。

4.2 底质检验

4.2.1 总汞按 GB/T 17136 的规定进行。

4.2.2 铜、锌按 GB/T 17138 的规定进行。

4.2.3 铅、镉按 GB/T 17141 的规定进行。

4.2.4 铬按 GB/T 17137 的规定进行。

4.2.5 砷按 GB/T 17134 的规定进行。

4.2.6 六六六、滴滴涕按 GB/T 14550 的规定进行。

5 评价原则

5.1 无公害水产品的生产环境质量必须符合 GB/T 18407 的本部分的规定。

5.2 取样方法依据不同产地条件,确定按相应的国家标准和行业标准执行。

5.3 检验结果的数值修约按 GB/T 8170 执行。

附录二 渔业水质标准(GB 11607—89)

为贯彻执行中华人民共和国《环境保护法》、《水污染防治法》和《海洋环境保护法》、《渔业法》,防止和控制渔业水域水质污染,保证鱼、贝、藻类正常生长、繁殖和水产品的质量,特制订本标准。

1 主题内容与适用范围

本标准适用鱼虾类的产卵场、索饵、越冬场、洄游通道和水产增养殖区等海、淡水的渔业水域。

2 引用标准

GB 5750 生活饮用水标准检验法

GB 6920 水质 pH 值的测定 玻璃电极法

GB 7467 水质 六价铬的测定 二苯碳酰二肼分光光度法

GB 7468 水质 总汞测定 冷原子吸收分光光度法

GB 7469 水质 总汞测定 高锰酸钾-过硫酸钾消解双硫腙分光光度法

GB 7470 水质 铅的测定 双硫腙分光光度法

GB 7471 水质 镉的测定 双硫腙分光光度法

GB 7472 水质 锌的测定 双硫腙分光光度法

GB 7474 水质 铜的测定 二乙基二硫代氨基甲酸钠分光光度法

GB 7475 水质 铜、锌、铅、镉的测定 原子吸收分光光度法

GB 7479 水质 铵的测定 钠氏试剂比色法

GB 7481 水质 氨的测定 水杨酸分光光度法

GB 7482 水质 氟化物的测定 茜素磺酸锆目视比色法

GB 7484 水质 氟化物的测定 离子选择电极法

GB 7485 水质 总砷的测定 二乙基二硫代氨基甲酸银分光光度法

GB 7486 水质 氰化物的测定 第一部分:总氰化物的测定
GB 7488 水质 五日生化需氧量(BOD_5)稀释与接种法
GB 7489 水质 溶解氧的测定 碘量法
GB 7490 水质 挥发酚的测定 蒸馏后 4-氨基安替比林分光光度法
GB 7492 水质 六六六、滴滴涕的测定 气相色谱法
GB 8972 水质 五氯酚钠的测定 气相色谱法
GB 9803 水质 五氯酚的测定 藏红T分光光度法
GB 11891 水质 凯氏氮的测定
GB 11901 水质 悬浮物的测定 重量法
GB 11910 水质 镍的测定 丁二铜肟分光光度法
GB 11911 水质 铁、锰的测定 火焰原子吸收分光光度法
GB 11912 水质 镍的测定 火焰原子吸收分光光度法。

3 渔业水质要求

3.1 渔业水域的水质,应符合渔业水质标准(见表1)。

表1 渔业水质标准 (单位:mg/L)

项目序号	项 目	标 准 值
1	色、臭、味	不得使鱼、虾、贝、藻类带有异色、异臭、异味
2	漂浮物质	水面不得出现明显油膜或浮沫
3	悬浮物质	人为增加的量不得超过10,而且悬浮物质沉积于底部后,不得对鱼、虾、贝类产生有害的影响
4	pH 值	淡水 6.5~8.5,海水 7.0~8.5

(续表)

项目序号	项 目	标 准 值
5	溶解氧	连续 24 h 中,16 h 以上必须大于 5,其余任何时候不得低于 3,对于鲑科鱼类栖息水域冰封期其余任何时候不得低于 4
6	生化需氧量(五天、20℃)	不超过 5,冰封期不超过 3
7	总大肠菌群	不超过 5 000 个/L(贝类养殖水质不超过 500 个/L)
8	汞	≤0.000 5
9	镉	≤0.005
10	铅	≤0.05
11	铬	≤0.1
12	铜	≤0.01
13	锌	≤0.1
14	镍	≤0.05
15	砷	≤0.05
16	氰化物	≤0.005
17	硫化物	≤0.2
18	氟化物(以 F^- 计)	≤1
19	非离子氨	≤0.02
20	凯氏氮	≤0.05
21	挥发性酚	≤0.005
22	黄磷	≤0.001
23	石油类	≤0.05
24	丙烯腈	≤0.5
25	丙烯醛	≤0.02
26	六六六(丙体)	≤0.002
27	滴滴涕	≤0.001

(续表)

项目序号	项 目	标 准 值
28	马拉硫磷	≤0.005
29	五氯酚钠	≤0.01
30	乐果	≤0.1
31	甲胺磷	≤1
32	甲基对硫磷	≤0.000 5
33	呋喃丹	≤0.01

3.2 各项标准数值系指单项测定最高允许值。

3.3 标准值单项超标,即表明不能保证鱼、虾、贝正常生长繁殖,并产生危害,危害程度应参考背景值、渔业环境的调查数据及有关渔业水质基准资料进行综合评价。

4 渔业水质保护

4.1 任何企、事业单位和个体经营者排放的工业废水、生活污水和有害废弃物,必须采取有效措施,保证最近渔业水域的水质符合本标准。

4.2 未经处理的工业废水、生活污水和有害废弃物严禁直接排入鱼、虾类的产卵场、索饵场、越冬场和鱼、虾、贝、藻类的养殖场及珍贵水生动物保护区。

4.3 严禁向渔业水域排放含病源体的污水;如需排放此类污水,必须经过处理和严格消毒。

5 标准实施

5.1 本标准由各级渔政监督管理部门负责监督与实

施,监督实施情况,定期报告同级人民政府环境保护部门。

5.2 在执行国家有关污染物排放标准中,如不能满足地方渔业水质要求时,省、自治区、直辖市人民政府可制定严于国家有关污染排放标准的地方污染物排放标准,以保证渔业水质的要求,并报国务院环境保护部门和渔业行政主管部门备案。

5.3 本标准以外的项目,若对渔业构成明显危害时,省级渔政监督管理部门应组织有关单位制订地方补充渔业水质标准,报省级人民政府批准,并报国务院环境保护部门和渔业行政主管部门备案。

5.4 排污口所在水域形成的混合区不得影响鱼类洄游通道。

6 水质监测

6.1 本标准各项目的监测要求,按规定分析方法(见表2)进行监测。

6.2 渔业水域的水质监测工作,由各级渔政监督管理部门组织渔业环境监测站负责执行。

表2 渔业水质分析方法

序号	项目	测定方法	试验方法标准编号
3	悬浮物质	重量法	GB 11901
4	pH值	玻璃电极法	GB 6920
5	溶解氧	碘量法	GB 7489
6	生化需氧量	稀释与接种法	GB 7488
7	总大肠菌群	多管发酵法滤膜法	GB 5750

(续表)

序号	项目	测定方法	试验方法标准编号
8	汞	冷原子吸收分光光度法	GB 7468
		高锰酸钾-过硫酸钾消解 双硫腙分光光度法	GB 7469
9	镉	原子吸收分光光度法	GB 7475
		双硫腙分光光度法	GB 7471
10	铅	原子吸收分光光度法	GB 7475
		双硫腙分光光度法	GB 7470
11	铬	二苯碳酰二肼分光光度法(高锰酸盐氧化)	GB 7467
12	铜	原子吸收分光光度法	GB 7475
		二乙基二硫代氨基甲酸钠分光光度法	GB 7474
13	锌	原子吸收分光光度法	GB 7475
		双硫腙分光光度法	GB 7472
14	镍	火焰原子吸收分光光度法	GB 11912
		丁二铜肟分光光度法	GB 11910
15	砷	二乙基二硫代氨基甲酸银分光光度法	GB 7485
16	氰化物	异烟酸-吡啶酮比色法	GB 7486
		吡啶-巴比妥酸比色法	
17	硫化物	对二甲氨基苯胺分光光度法[1]	
18	氟化物	茜素磺锆目视比色法	GB 7482
		离子选择电极法	GB 7484
19	非离子氨[2]	钠氏试剂比色法	GB 7479
		水杨酸分光光度法	GB 7481
20	凯氏氮		GB 11891

(续表)

序号	项目	测定方法	试验方法标准编号
21	挥发性酚	蒸馏后 4-氨基安替比林分光光度法	GB 7490
22	黄磷		
23	石油类	紫外分光光度法[1]	
24	丙烯腈	高锰酸钾转化法[1]	
25	丙烯醛	4-已基间苯二酚分光光度法	
26	六六六(丙体)	气相色谱法	GB 7492
27	滴滴涕	气相色谱法	GB 7492
28	马拉硫磷	气相色谱法[1]	
29	五氯酚钠	气相色谱法	GB 8972
		藏红剂分光光度法	GB 9803
30	乐果	气相色谱法[3]	
31	甲胺磷		
32	甲基对硫磷	气相色谱法[3]	
33	呋喃丹		

注：暂时采用下列方法，待国家标准发布后，执行国家标准。
(1)渔业水质检验方法为农牧渔业部 1983 年颁布。
(2)测得结果为总氨浓度，然后按表 A1、表 A2 换算为非离子浓度。
(3)地面水水质监测检验方法为中国医学科学院卫生研究所 1978 年颁布。

附录三 无公害食品 海水养殖用水水质(NY 5052—2001)

1 范围

本标准规定了海水养殖用水水质要求、测定方法、检验规则和结果判定。

本标准适用于海水养殖用水。

2 规范性引用文件

下列文件中的条款通过本标准的引用而成为本标准的条款。凡是注日期的引用文件,其随后所有的修改单(不包括勘误的内容)或修订版均不适用于本标准,然而,鼓励根据本标准达成协议的各方研究是否可使用这些文件的最新版本。凡是不注日期的引用文件,其最新版本适用于本标准。

GB/T 7467 水质 六价铬的测定 二苯碳酰二肼分光光度法

GB/T 12763.2 海洋调查规范 海洋水文观测

GB/T 12763.4 海洋调查规范 海水化学要素观测

GB/T 13192 水质 有机磷农药的测定 气相色谱法

GB 17378(所有部分) 海洋监测规范

3 要求

海水养殖水质应符合表1要求。

表1 海水养殖水质要求

序号	项目	标准值
1	色、臭、味	海水养殖水体不得有异色、异臭、异味
2	大肠菌群(个/升)	≤5 000,供人生食的贝类养殖水质≤500
3	粪大肠菌群(个/升)	≤2 000,供人生食的贝类养殖水质≤140
4	汞(mg/L)	≤0.000 2
5	镉(mg/L)	≤0.005
6	铅(mg/L)	≤0.05

(续表)

序号	项目	标准值
7	价铬(mg/L)	≤0.01
8	总铬(mg/L)	≤0.1
9	砷(mg/L)	≤0.03
10	铜(mg/L)	≤0.01
11	锌(mg/L)	≤0.1
12	硒(mg/L)	≤0.02
13	氰化物(mg/L)	≤0.005
14	挥发性酚(mg/L)	≤0.005
15	石油类(mg/L)	≤0.05
16	六六六(mg/L)	≤0.001
17	滴滴涕(mg/L)	≤0.00005
18	马拉硫酸(mg/L)	≤0.0005
19	甲基对硫磷(mg/L)	≤0.0005
20	乐果(mg/L)	≤0.1
21	多氯联苯(mg/L)	≤0.00002

4 测定方法

海水养殖用水水质按表 2 提供方法进行分析测定。

表 2 海水养殖水质项目测定方法

序号	项目	分析方法	检出限,mg/L	依据标准
1	色、臭、味	(1)比色法 (2)感官法	— —	GB/T 12763.2 GB 17378
2	大肠菌群	(1)发酵法　(2)滤膜法	—	GB 17378
3	粪肠菌群	(1)发酵法　(2)滤膜法	—	GB 17378

(续表)

序号	项目	分析方法	检出限,mg/L	依据标准
4	汞	(1)冷原子吸收分光光度法	1.0×10^{-6}	GB 17378
		(2)金捕集冷原子吸收分光光度法	2.7×10^{-6}	GB 17378
		(3)双硫腙分光光度法	4.0×10^{-4}	GB 17378
5	镉	(1)双硫腙分光光度法	3.6×10^{-3}	GB 17378
		(2)火焰原子吸收分光光度法	9.0×10^{-5}	GB 17378
		(3)阳极溶出伏安法	9.0×10^{-5}	GB 17378
		(4)无火焰原子吸收分光光度法	1.0×10^{-5}	GB 17378
6	铅	(1)双硫腙分光光度法	1.4×10^{-3}	GB 17378
		(2)阳极溶出伏安法	3.0×10^{-4}	GB 17378
		(3)无火焰原子吸收分光光度法	3.0×10^{-5}	GB 17378
		(4)火焰原子吸收分光光度法	1.8×10^{-3}	GB 17378
7	六价铬	二苯碳酰二肼分光光度法	4.0×10^{-3}	GB/T 7467
8	总铬	(1)二苯碳酰二肼分光光度法	3.0×10^{-4}	GB 17378
		(2)无火焰原子吸收分光光度法	4.0×10^{-4}	GB 17378
9	砷	(1)砷化氢-硝酸银分光光度法	4.0×10^{-4}	GB 17378
		(2)氢化物发生原子吸收分光光度法	6.0×10^{-5}	GB 17378
		(3)催化极谱法	1.1×10^{-3}	GB 7485
10	铜	(1)二乙氨基二硫化甲酸钠分光光度法	8.0×10^{-5}	GB 17378
		(2)无火焰原子吸收分光光度法	2.0×10^{-4}	GB 17378
		(3)阳极溶出伏安法	6.0×10^{-4}	GB 17378
		(4)火焰原子吸收分光光度法	1.1×10^{-3}	GB 17378

(续表)

序号	项目	分析方法	检出限,mg/L	依据标准
11	锌	(1)双硫腙分光光度法 (2)阳极溶出伏安法 (3)火焰原子吸收分光光度法	$1.9×10^{-3}$ $1.2×10^{-3}$ $3.1×10^{-3}$	GB 17378 GB 17378 GB 17378
12	硒	(1)荧光分光光度法 (2)二氨基联苯胺分光光度法 (3)催化极谱法	$2.0×10^{-4}$ $4.0×10^{-4}$ $1.0×10^{-4}$	GB 17378 GB 17378 GB 17378
13	氰化物	(1)异烟酸—吡唑啉酮分光光度法 (2)吡啶—巴比士酸分光光度法	$5.0×10^{-4}$ $3.0×10^{-4}$	GB 17378 GB 17378
14	挥发性酚	蒸馏后4—氨基安替比林分光光度法	$1.1×10^{-3}$	GB 17378
15	石油类	(1)环已烷萃取荧光分光光度法 (2)紫外分光光度法 (3)重量法	$6.5×10^{-3}$ $3.5×10^{-3}$ 0.2	GB 17378 GB 17378 GB 17378
16	六六六	气相色谱法	$1.0×10^{-6}$	GB 17378
17	滴滴涕	气相色谱法	$3.8×10^{-6}$	GB 17378
18	马拉硫磷	气相色谱法	$6.4×10^{-4}$	GB/T 13192
19	甲基对硫磷	气相色谱法	$4.2×10^{-4}$	GB/T 13192
20	乐果	气相色谱法	$5.7×10^{-4}$	GB 13192
21	多氯联苯	气相色谱法	$1.0×10^{-6}$	GB 17378

注:部分有多种测定方法的指标,在测定结果出现争议时,以方法(1)测定为仲裁结果。

5 检验规则

海水养殖用水水质监测样品的采集、贮存、运输和预处理按 GB/T 12763.4 和 GB 17378.3 的规定执行。

6 结果判定

本标准采用单项判定法,所列指标单项超标,判定为不合格。

附录四 无公害食品 渔用药物使用准则(NY 5071—2002)

1 范围

本标准规定了渔用药物使用的基本原则、渔用药物的使用方法以及禁用渔药。

本标准适用于水产增养殖中的健康管理及病害控制过程中的渔药使用。

2 规范性引用文件

下列文件中的条款通过本标准的引用而成为本标准的条款。凡是注日期的引用文件,其随后所有的修改单(不包括勘误的内容)或修订版均不适用于本标准,然而,鼓励根据本标准达成协议的各方研究是否可使用这些文件的最新版本。凡是不注日期的引用文件,其最新版本适用于本标准。

NY 5070 无公害食品 水产品中渔药残留限量
NY 5072 无公害食品 渔用配合饲料安全限量

3 术语和定义

下列术语和定义适用于本标准。

3.1 渔用药物 fishery drugs

用以预防、控制和治疗水产动植物的病、虫、害,促进养殖品种健康生长,增强机体抗病能力以及改善养殖水体质量的一切物质,简称"渔药"。

3.2 生物源渔药 biogenic fishery medicines

直接利用生物活体或生物代谢过程中产生的具有生物活性的物质或从生物体提取的物质作为防治水产动物病害的渔药。

3.3 渔用生物制品 fishery biopreparate

应用天然或人工改造的微生物、寄生虫、生物毒素或生物组织及其代谢产物为原材料,采用生物学、分子生物学或生物化学等相关技术制成的、用于预防、诊断和治疗水产动物传染病和其他有关疾病的生物制剂。它的效价或安全性应采用生物学方法检定并有严格的可靠性。

3.4 休药期 withdrawal time

最后停止给药日至水产品作为食品上市出售的最短时间。

4 渔用药物使用基本原则

4.1 渔用药物的使用应以不危害人类健康和不破坏水域生态环境为基本原则。

4.2 水生动植物增养殖过程中对病虫害的防治,坚持"以防为主,防治结合"。

4.3 渔药的使用应严格遵循国家和有关部门的有关规定,严禁生产、销售和使用未经取得生产许可证、批准文号与没有生产执行标准的渔药。

4.4 积极鼓励研制、生产和使用"三效"(高效、速效、长效)、"三小"(毒性小、副作用小、用量小)的渔药,提倡使用水产专用渔药、生物源渔药和渔用生物制品。

4.5 病害发生时应对症用药,防止滥用渔药与盲目增大用药量或增加用药次数、延长用药时间。

4.6 食用鱼上市前,应有相应的休药期。休药期的长短,应确保上市水产品的药物残留限量符合 NY 5070 要求。

4.7 水产饲料中药物的添加应符合 NY 5072 要求,不得选用国家规定禁止使用的药物或添加剂,也不得在饲料中长期添加抗菌药物。

5 渔用药物使用方法

各类渔用药使用方法见表1。

表1 渔用药物使用方法

渔药名称	用途	用法与用量	休药期/d	注意事项
氧化钙(生石灰) calcii oxydum	用于改善池塘环境,清除敌害生物及预防部分细菌性鱼病	带水清塘:200 mg/L~250 mg/L(虾类:350 m/L~400 mg/L);全池泼洒:20 mg/L~25 mg/L(虾类:15 mg/L~30 mg/L)		不能与漂白粉、有机氯、重金属盐、有机络合物混用
漂白粉 bleaching powder	用于清塘、改善池塘环境及防治细菌性皮肤病、烂鳃病出血病	带水清塘:20 mg/L;全池泼洒:1.0 mg/L~1.5 mg/L	≥5	1.勿用金属容器盛装。2.勿与酸、铵盐、生石灰混用

(续表)

渔药名称	用途	用法与用量	休药期/d	注意事项
二氯异氰尿酸钠 sodium dichloroisocyanurate	用于清塘及防治细菌性皮肤溃疡病、烂鳃病、出血病	全池泼洒：0.3 mg/L～0.6 mg/L	≥10	勿用金属容器盛装
三氯异氰尿酸 trichlorosisocyanuric acid	用于清塘及防治细菌性皮肤溃疡病、烂鳃病、出血病	全池泼洒：0.2 mg/L～0.5 mg/L	≥10	1. 勿用金属容器盛装。2. 针对不同的鱼类和水体的pH，使用量应适当增减
二氧化氯 chlorine dioxide	用于防治细菌性皮肤病、烂鳃病、出血病	浸浴：20 mg/L～40 mg/L，5 min～10 min；全池泼洒：0.1 mg/L～0.2 mg/L，严重时 0.3 mg/L～0.6 mg/L	≥10	1. 勿用金属容器盛装。2. 勿与其他消毒剂混用
二溴海因	用于防治细菌性和病毒性疾病	全池泼洒：0.2 mg/L～0.3 mg/L		
氯化钠（食盐）sodium chloride	用于防治细菌、真菌或寄生虫疾病	浸浴：1%～3%，5 min～20 min		

(续表)

渔药名称	用途	用法与用量	休药期/d	注意事项
硫酸铜（蓝矾、胆矾、石胆）copper sulfate	用于治疗纤毛虫、鞭毛虫等寄生性原虫病	浸浴：8 mg/L（海水鱼类：8 mg/L～10 mg/L），15 min～30 min；全池泼洒：0.5 mg/L～0.7 mg/L（海水鱼类：0.7 mg/L～1.0 mg/L）		1.常与硫酸亚铁合用。2.广东鲂慎用。3.勿用金属容器盛装。4.使用后注意池塘增氧。5.不宜用于治疗小瓜虫病
硫酸亚铁（硫酸低铁、绿矾、青矾）ferrous sulphate	用于治疗纤毛虫、鞭毛虫等寄生性原虫病	全池泼洒：0.2 mg/L（与硫酸铜合用）		1.治疗寄生性原虫病时需与硫酸铜合用。2.乌鳢慎用
高锰酸钾（锰酸钾、灰锰氧、锰强灰）potassium permanganate	用于杀灭锚头鳋	浸浴：10 mg/L～20 mg/L，15 min～30 min；全池泼洒：4 mg/L～7 mg/L		1.水中有机物含量高时药效降低。2.不宜在强烈阳光下使用
四烷基季铵盐络合碘（季铵盐含量为50%）	对病毒、细菌、纤毛虫、藻类有杀灭作用	全池泼洒：0.3 mg/L（虾类相同）		1.勿与碱性物质同时使用。2.勿与阴性离子表面活性剂混用。3.使用后注意池塘增氧。4.勿用金属容器盛装

(续表)

渔药名称	用途	用法与用量	休药期/d	注意事项
大蒜 crow's treacle, garlic	用于防治细菌性肠炎	拌饵投喂：10 g/kg体重～30 g/kg体重，连用4 d～6 d（海水鱼类相同）		
大蒜素粉（含大蒜素10%）	用于防治细菌性肠炎	0.2 g/kg体重，连用4 d～6 d（海水鱼类相同）		
大黄 medicinal rhubarb	用于防治细菌性肠炎、烂鳃	全池泼洒：2.5 mg/L～4.0 mg/L（海水鱼类相同）；拌饵投喂：5 g/kg体重～10 g/kg体重，连用4 d～6 d（海水鱼类相同）		投喂时常与黄芩、黄柏合用（三者比例为5∶2∶3）
黄芩 raikai skullcap	用于防治细菌性肠炎、烂鳃、赤皮、出血病	拌饵投喂：2 g/kg体重～4 g/kg体重，连用4 d～6 d（海水鱼类相同）		投喂时常与大黄、黄柏合用（三者比例为2∶5∶3）
黄柏 amur cork-tree	用防防治细菌性肠炎、出血	拌饵投喂：3 g/kg体重～6 g/kg体重，连用4 d～6 d（海水鱼类相同）		投喂时常与大黄、黄芩合用（三者比例为3∶5∶2）
五倍子 Chinese sumac	用于防治细菌性烂鳃、赤皮、白皮、疖疮	全池泼洒：2 mg/L～4 mg/L（海水鱼类相同）		
穿心莲 common andrographis	用于防治细菌性肠炎、烂鳃、赤皮	全池泼洒：15 mg/L～20 mg/L；拌饵投喂：10 g/kg体重～20 g/kg体重，连用4 d～6 d		

(续表)

渔药名称	用途	用法与用量	休药期/d	注意事项
苦参 lightyellow sophora	用于防治细菌性肠炎、竖鳞	全池泼洒：1.0 mg/L～1.5 mg/L；拌饵投喂：1 g/kg体重～2 g/kg体重,连用4 d～6 d		
土霉素 oxytetra-cycline	用于治疗肠炎病、弧菌病	拌饵投喂：50 mg/kg体重～80 mg/kg体重,连用4 d～6 d(海水鱼类相同,虾类：50 mg/kg体重～80 mg/kg体重,连用5 d～10 d)	≥30（鳗鲡）≥21（鲶鱼）	勿与铝、镁离子及卤素、碳酸氢钠、凝胶合用
噁喹酸 oxolinic acid	用于治疗细菌肠炎病、赤鳍病、香鱼、对虾弧菌病,鲈鱼结节病,鲥鱼疖疮病	拌饵投喂：10 mg/kg体重～30 mg/kg体重,连用5 d～7 d(海水鱼类1 mg/kg体重～20 mg/kg体重;对虾：6 mg/kg体重～60 mg/kg体重,连用5 d)	≥25（鳗鲡）≥21（鲤鱼、香鱼）≥16（其他鱼类）	用药量视不同的疾病有所增减
磺胺嘧啶（磺胺哒嗪）sulfadiazine	用于治疗鲤科鱼类的赤皮病、肠炎病,海水鱼链球菌病	拌饵投喂：100 mg/kg体重连用5 d(海水鱼类相同)		1.与甲氧苄氨嘧啶(TMP)同用,可产生增效作用。2.第一天药量加倍

(续表)

渔药名称	用途	用法与用量	休药期/d	注意事项
磺胺甲噁唑（新诺明、新明磺）sulfamethoxazole	用于治疗鲤科鱼类的肠炎病	拌饵投喂：100 mg/kg体重，连用 5 d~7 d		1. 不能与酸性药物同用。2. 与甲氧苄氨嘧啶（TMP）同用，可产生增效作用。3. 第一天药量加倍
磺胺间甲氧嘧啶（制磺、磺胺-6-甲氧嘧啶）sulfamonomethoxine	用鲤科鱼类的竖鳞病、赤皮病及弧菌病	拌饵投喂：50 mg/kg体重~100 mg/kg体重，连用 4 d~6 d	≥37（鳗鲡）	1. 与甲氧苄氨嘧啶（TMP）同用，可产生增效作用。2. 第一天药量加倍
氟苯尼考 florfenicol	用于治疗鳗鲡爱德华氏病、赤鳍病	拌饵投喂：10.0 mg/kg体重，连用 4 d~6 d	≥7（鳗鲡）	
聚维酮碘（聚乙烯吡咯烷酮碘、皮维碘、PVP-1、伏碘）（有效碘1.0%）povidone-iodine	用于防治细菌烂鳃病、弧菌病、鳗鲡红头病。并可用于预防病毒病：如草鱼出血病、传染性胰腺坏死病、传染性造血组织坏死病、病毒性出血败血症	全池泼洒：海、淡水幼鱼、幼虾：0.2 mg/L~0.5 mg/L；海、淡水成鱼、成虾：1 mg/L~2 mg/L；鳗鲡：2 mg/L~4 mg/L。浸浴：草鱼种：30 mg/L，15 min~20 min。鱼卵：30 mg/L~50 mg/L（海水鱼卵 25 mg/L~30 mg/L），5 min~15 min		1. 勿与金属物品接触。2. 勿与季铵盐类消毒剂直接混合使用

注1：用法与用量栏未标明海水鱼类与虾类的均适用于淡水鱼类。
注2：休药期为强制性

6 禁用渔药

严禁使用高毒、高残留或具有三致毒性(致癌、致畸、致突变)的渔药。严禁使用对水域环境有严重破坏而又难以修复的渔药,严禁直接向养殖水域泼洒抗菌素,严禁将新近开发的人用新药作为渔药的主要或次要成分。禁用渔药见表2。

表2 禁用渔药

药物名称	化学名称(组成)	别名
地虫硫磷 fonofos	O-2基-S苯基二硫代磷酸乙酯	大风雷
六六六 BHC(HCH) Benzem, bexachloridge	1,2,3,4,5,6-六氯环己烷	
林丹 lindane, agammaxare, gamma-BHC gamma-HCH	γ-1,2,3,4,5,6-六氯环己烷	丙体六六六
毒杀芬 camphechlor(ISO)	八氯莰烯	氯化莰烯
滴滴涕 DDT	2,2-双(对氯苯基)-1,1,1-三氯乙烷	
甘汞 calomel	二氯化汞	
硝酸亚汞 mercurous nitrate	硝酸亚汞	

（续表）

药物名称	化学名称（组成）	别名
醋酸汞 mercuric acetate	醋酸汞	
呋喃丹 carbofuran	2,3-氢-2,2-二甲基-7-苯并呋喃-甲基氨基甲酸酯	克百威、大扶农
杀虫脒 chlordimeform	N-(2-甲基-4-氯苯基)N',N'-二甲基甲脒盐酸盐	克死螨
双甲脒 anitraz	1,5-双-(2,4-二甲基苯基)-3-甲基1,3,5-三氮戊二烯-1,4	二甲苯胺脒
氟氯氰菊酯 cyfluthrin	α-氰基-3-苯氧基-4-氟苄基(1R,3R)-3-(2,2-二氯乙烯基)-2,-2-二甲基环丙烷羧酸酯	
氟氰戊菊酯 flucythrinate	(R,S)-α-氰基-3-苯氧苄基-(R,S)-2-(4-二氟甲氧基)-3-甲基丁酸酯	保好江乌氟氰菊酯
五氯酚钠 PCP-Na	五氯酚钠	
孔雀石绿 malachite green	$C_{23}H_{25}ClN_2$	碱性绿、盐基块绿、孔雀绿
锥虫胂胺 tryparsamide		

(续表)

药物名称	化学名称(组成)	别名
酒石酸锑钾 anitmonyl potassium tartrate	酒石酸锑钾	
磺胺噻唑 sulfathiazolum ST, norsultazo	2-(对氨基苯磺酰胺)-噻唑	消治龙
磺胺脒 sulfaguanidine	N_1-脒基磺胺	磺胺胍
呋喃西林 furacillinum, nitrofurazone	5-硝基呋喃醛缩氨基脲	呋喃新
呋喃唑酮 furazolidonum, nifulidone	3-(5-硝基糠叉胺基)-2-噁唑烷酮	痢特灵
呋喃那斯 furanace, nifurpirinol	6-羟甲基-2-[-5-硝基-2-呋喃基乙烯基]吡啶	P-7138（实验名）
氯霉素（包括其盐、酯及制剂） chloramphennicol	由委内瑞拉链霉素生产或合成法制	
成红霉素 erythromycin	属微生物合成, 是 Streptomyces eyythreus 生产的抗生素	
杆菌肽锌 zinc bacitracin premin	由枯草杆菌 Bacillus subtilis 或 B. licheniformis 所产生的抗生素, 为一含有噻唑环的多肽化合物	枯草菌肽

(续表)

药物名称	化学名称(组成)	别名
泰乐菌素 tylosin	S. fradiae 所产生的抗生素	
环丙沙星 ciprofloxacin (CIPRO)	为合成的第三代喹诺酮类抗菌药,常用盐酸盐水合物	环丙氟哌酸
阿伏帕星 avoparcin		阿伏霉素
喹乙醇 olaquindox	喹乙醇	喹酰胺醇羟乙喹氧
速达肥 fenbendazole	5-苯硫基-2-苯并咪唑	苯硫哒唑氨甲基甲酯
己烯雌酚(包括雌二醇等其他类似合成等雌性激素) diethylstilbestrol, stilbestrol	人工合成的非甾体雌激素	乙烯雌酚,人造求偶素
甲基睾丸酮(包括丙酸睾丸素、去氢甲睾酮以及同化物等雄性激素) methyltestosterone, metandren	睾丸素 C_{17} 的甲基衍生物	甲睾酮甲基睾酮

附录

附录五 无公害食品 水产品中渔药残留限量(NY 5070—2002)

1 范围

本标准规定了无公害水产品中渔药及通过环境污染造成的药物残留的最高限量。

本标准适用于水产养殖品及初级加工水产品、冷冻水产品,其他水产加工品可以参照使用。

2 规范性引用文件

下列文件中的条款通过本标准的引用而成为本标准的条款。凡是注日期的引用文件,其随后所有的修改单(不包括勘误的内容)或修订版均不适用于本标准,然而,鼓励根据本标准达成协议的各方研究是否可使用这些文件的最新版本。凡是不注日期的引用文件,其最新版本适用于本标准。

NY 5029—2001　无公害食品 猪肉

NY 5071　无公害食品 渔用药物使用准则

SC/T 3303—1997　冻烤鳗

SN/T 0197—1993　出口肉中喹乙醇残留量检验方法

SN 0206—1993　出口活鳗鱼中噁喹酸残留量检验方法

SN 0208—1993　出口肉中十种磺胺残留量检验方法

SN 0530—1996　出口肉品中呋喃唑酮残留量的检验方法 液相色谱法

3 术语和定义

下列术语和定义适用于本标准。

3.1 渔用药物 fishery drugs

用以预防、控制和治疗水产动、植物的病、虫、害,促进养殖品种健康生长,增强机体抗病能力以及改善养殖水体质量的一切物质,简称"渔药"。

3.2 渔药残留 residues of fishery drugs

在水产品的任何食用部分中渔药的原型化合物或/和其代谢产物,并包括与药物本体有关杂质的残留。

3.3 最高残留限量 maximum residue Limit, MRL

允许存在于水产品表面或内部(主要指肉与皮或/和性腺)的该药(或标志残留物)的最高量/浓度(以鲜重计,表示为:? g/kg 或 mg/kg)。

4 要求

4.1 渔药使用

水产养殖中禁止使用国家、行业颁布的禁用药物,渔药使用时按 NY 5071 的要求进行。

4.2 水产品中渔药残留限量要求

水产品中渔药残留限量要求见表 1。

表 1 水产品中渔药残留限量

药物类别		药物名称		指标(MRL)
		中文	英文	(g/kg)
抗生素类	四环素类	金霉素	chlortetracycline	100
		土霉素	Oxytetracycline	100
		四环素	Tetracycline	100
	氯霉素类	氯霉素	Chloramphenicol	不得检出

(续表)

药物类别	药物名称		指标（MRL） (g/kg)
	中文	英文	
磺胺类及增效剂	磺胺嘧啶	Sulfadiazine	
	磺胺甲基嘧啶	Sulfamerazine	
	磺胺二甲基嘧啶	Sulfadimidine	
	磺胺甲噁唑	sulfamethoxazole	100（以总量计）
	甲氧苄啶	Trimethoprim	50
喹诺酮类	噁喹酸	Oxilinic acid	300
硝基呋喃类	呋喃唑酮	Furazolidone	不得检出
其他	己烯雌酚	Diethylstilbestrol	不得检出
	喹乙醇	Olaquindox	不得检出

5 检测方法

5.1 金霉素、土霉素、四环霉

金霉素测定按 NY 5029—2001 中附录 B 规定执行，土霉素、四环素按 SC/T 3303—1997 中附录 A 规定执行。

5.2 氯霉素

氯霉素残留量的筛选测定方法按本标准中附录 A 执行，测定按 NY 5029—2001 中附录 D（气相色谱法）的规定执行。

5.3 磺胺类

磺胺类中的磺胺甲基嘧啶、磺胺二甲基嘧啶的测定按 SC/T 3303 的规定执行，其他磺胺类按 SN/T 0208 的规定执行。

5.4 噁喹酸

噁喹酸的测定按 SN/T 0206 的规定执行。

5.5 呋喃唑酮

呋喃唑酮的测定按 SN/T 0530 的规定执行。

5.6 已烯雌酚

已烯雌酚残留量的筛选测定方法按本标准中附录 B 规定执行。

5.7 喹乙醇

喹乙醇的测定按 SN/T 0197 的规定执行。

6 检验规则

6.1 检验项目

按相应产品标准的规定项目进行。

6.2 抽样

6.2.1 组批规则

同一水产养殖场内,在品种、养殖时间、养殖方式基本相同的养殖水产品为一批(同一养殖池,或多个养殖池);水产加工品按批号抽样,在原料及生产条件基本相同下同一天或同一班组生产的产品为一批。

6.2.2 抽样方法

6.2.2.1 养殖水产品

随机从各养殖池抽取有代表性的样品,取样量见表2。

表2 取样量

生物数量(尾、只)	取样量(尾、只)
500 以内	2
500～1 000	4
1 001～5 000	10
5 001～10 000	20
≥10 001	30

6.2.2.2　水产加工品

每批抽取样本以箱为单位,100 箱以内取 3 箱,以后每增加 100 箱(包括不足 100 箱)则抽 1 箱。

按所取样本从每箱内各抽取样品不少于 3 件,每批取样量不少于 10 件。

6.3　取样的样品的处理

采集的样品应分成两等份,其中一份作为留样。从样本中取有代表性的样品,装入适当容器,并保证每份样品都能满足分析的要求;样品的处理按规定的方法进行,通过细切、绞肉机绞碎、缩分,使其混合均匀;鱼、虾、贝、藻等各类样品量不少于 200 g。各类样品的处理方法如下:

a)鱼类:先将鱼体表面杂质洗净,去掉鳞、内脏,取肉(包括脊背和腹部)肉和皮一起绞碎,特殊要求除外。

b)龟鳖类:去头、放出血液,取其肌肉包括裙边,绞碎后进行测定。

c)虾类:洗净后,去头、壳,取其肌肉进行测定。

d)贝类:鲜的、冷冻的牡蛎、蛤蜊等要把肉和体液调制均匀后进行分析测定。

e)蟹:取肉和性腺进行测定。

f)混匀的样品,如不及时分析,应置于清洁、密闭的玻璃容器,冰冻保存。

6.4　判定规则

按不同产品的要求所检的渔药残留各指标均应符合本标准的要求,各项指标中的极限值采用修约值比较法。超过限量标准规定时,允许加倍抽样将此项指标复验一次,按复验结果判定本批产品是否合格。经复检后所检指标仍不合格的产品则判为不合格品。

附录六 无公害食品 水产品中有毒有害物质限量(NY 5073—2001)

1 范围

本标准规定了无公害水产品中重金属、有害元素、农药残量、生物毒素限量的要求、试验方法、检验规则。

本标准适用于捕捞及养殖的鲜、活水产品。

2 规范性引用文件

下列文件中的条款通过本标准的引用而成为本标准的条款。凡是注日期的引用文件，其随后所有的修改单(不包括勘误的内容)或修订版均不适用于本标准，然而，鼓励根据本标准达成协议的各方研究是否可使用这些文件的最新版本。凡是不注日期的引用文件，其最新版本适用于本标准。

GB/T 5009.11 食品中总砷的测定方法

GB/T 5009.12 食品中铅的测定方法

GB/T 5009.13 食品中铜的测定方法

GB/T 5009.15 食品中镉的测定方法

GB/T 5009.17 食品中总汞的测定方法

GB/T 5009.18 食品中氟的测定方法

GB/T 5009.19 食品中六六六、滴滴涕残留量的测定方法

GB/T 5009.45—1996 水产品卫生标准的分析方法

GB/T 9675 海产食品中多氯联苯的测定方法

GB/T 12399 食品中硒的测定

GB/T 14962 食品中铬的测定方法
SN 0294 出口贝类腹泻性贝类毒素检验方法
SN 0352 出口贝类麻痹性贝类毒素检验方法

3 要求

水产品中有毒有害物质的限量见表 1。

表 1 水产品中有毒有害物质限量

项目	指标
汞(以 Hg 计),mg/kg	≤1.0(贝类及肉食性鱼类)
	≤0.5(其他水产品)
甲基汞(以 Hg 计),mg/kg	≤0.5(所有水产品)
砷(以 As 计),mg/kg	≤0.5(淡水鱼)
无机砷(以 As 计),mg/kg	≤1.0(贝类、甲壳类、其他海产品)
	≤0.5(海水鱼)
铅(以 Pb 计),mg/kg	≤1.0(软体动物)
	≤0.5(其他水产品)
镉(以 Cd 计),mg/kg	≤1.0(软体动物)
	≤0.5(甲壳类)
	≤0.1(鱼类)
铜(以 Cu 计),mg/kg	≤50(所有水产品)
硒(以 Se 计),mg/kg	≤1.0(鱼类)
氟(以 F 计),mg/kg	≤2.0(淡水鱼类)
铬(以 Cr 计),mg/kg	≤2.0(鱼贝类)
	≤100(鲐鲹鱼类)

(续表)

项目	指标
组胺,mg/100 g	≤30(其他海水鱼类)
多氯联苯(PCBs),mg/kg	≤0.2(海产品)
甲醛	不得检出(所有水产品)
六六六,mg/kg	≤2(所有水产品)
滴滴涕,mg/kg	≤1(所有水产品)
麻痹性贝类毒素(PSP),μg/kg	≤80(贝类)
腹泻性贝类毒素(DSP),μg/kg	不得检出(贝类)

4 检验方法

4.1 汞的测定
按 GB/T 5009.17 中的规定执行。

4.2 甲基汞的测定
按 GB/T 5009.45 中的规定执行。

4.3 砷的测定
按 GB/T 5009.11 中的规定执行。

4.4 无机砷的测定
按 GB/T 5009.45 中的规定执行。

4.5 铅的测定
按 GB/T 5009.12 中的规定执行。

4.6 镉的测定
按 GB/T 5009.15 中的规定执行。

4.7 铜的测定
按 GB/T 5009.13 中的规定执行。

4.8 硒的测定

按 GB/T 12399 中的规定执行。

4.9 氟的测定

按 GB/T 5009.18 中的规定执行。

4.10 铬的测定

按 GB/T 14962 中的规定执行。

4.11 组胺的测定

按 GB/T 5009.45—1996 中 4.4 的规定执行。

4.12 多氯联苯的测定

按 GB/T 9675 中的规定执行。

4.13 甲醛的测定

按本标准附录 A 的规定执行。

4.14 六六六、滴滴涕的测定

按 GB/T 5009.19 中的规定执行。

4.15 麻痹性贝类毒素的测定

按 SN 0352 中的规定执行。

4.16 腹泻性贝类毒素的测定

按 SN 0294 中的规定执行。

5 检验规则

5.1 组批规则与抽样方法

5.1.1 组批规则

同一水产养殖场内,品种、养殖时间、养殖方式基本相同的养殖水产品为一批。

5.1.2 抽样方法

5.1.2.1 鲜、活水产品取样量见表 2。

表 2　鲜、活水产品取样量

批量(尾或只)	取样量(尾或只)
<500	2
501～1 000	4
1 001～5 000	10
5 001～10 000	20
≥10 000	30

5.1.2.2　鲜、活水产品取样方法：将鲜、活水产品(鱼、甲鱼、蟹、对虾等)洗净体表，取肌肉(或可食部分)，样品总量不得少于200g。其中：鱼洗净，取样部位为背部肌肉、腹部肌肉及鱼皮；虾洗净，去头、去皮、去肠腺(大型虾)后取肌肉；蟹洗净，去皮，取肌肉及生殖腺；甲鱼洗净，取可食部分；贝类洗净、去壳，取可食部分。

5.2　判定规则

5.2.1　水产品中所检的各项有毒有害物质指标均应符合标准要求。

5.2.2　所检指标中有一项不符合标准规定时，允许加倍抽样将此项指标复验一次，按复验结果判定本批产品是否合格。

附录七　食品动物禁用的兽药及其他化合物清单

序号	兽药及其他化合物名称	禁止用途	禁用动物
1	β-兴奋剂类：克仑特罗 Clenbuterol、沙丁胺醇 Salbutamol、西马特罗 Cimaterol 及其盐、酯及制剂	所有用途	所有食品动物

(续表)

序号	兽药及其他化合物名称	禁止用途	禁用动物
2	性激素类：己烯雌酚 Diethylstilbestrol 及其盐、酯及制剂	所有用途	所有食品动物
3	具有雌激素样作用的物质：玉米赤霉醇 Zeranol、去甲雄三烯醇酮 Trenbolone、醋酸甲孕酮 Mengestrol Acetate 及制剂	所有用途	所有食品动物
4	氯霉素 Chloramphenicol、及其盐、酯（包括：琥珀氯霉素 Chloramphenicol succinate）及制剂	所有用途	所有食品动物
5	氨苯砜 Dapsoneey 及制剂	所有用途	所有食品动物
6	硝基呋喃类：呋喃唑酮 Furazolidone、呋喃它酮 Furaltadone、呋喃苯烯酸钠 Nifurstyrenate sodium 及制剂	所有用途	所有食品动物
7	硝基化合物：硝基酚钠 Sodium nitrophenolate、硝呋烯腙 Nitrovin 及制剂	所有用途	所有食品动物
8	催眠、镇静类：安眠酮 Methaqualone 及制剂	所有用途	所有食品动物
9	林丹（丙体六六六）Lindane	杀虫剂	水生食品动物
10	毒杀芬（氯化烯）Camahechlor	杀虫剂、清塘剂	水生食品动物
11	呋喃丹（克百威）Carbofuran	杀虫剂	水生食品动物
12	杀虫脒（克死螨）Chlordimeforn	杀虫剂	所有食品动物
13	双甲脒 Amitraz	杀虫剂	水生食品动物

(续表)

序号	兽药及其他化合物名称	禁止用途	禁用动物
14	酒石酸锑钾 Antimony potassium tartrate	杀虫剂	水生食品动物
15	锥虫胂胺 Tryparsamide	杀虫剂	水生食品动物
16	孔雀石绿 Malachite green	抗菌、杀虫剂	水生食品动物
17	五氯酚酸钠 Pentachlorophenol sodium	杀螺剂	水生,食品动物
18	各种汞制剂:包括氯化亚汞(甘汞) Calomel、硝酸亚汞 Mercurous nitrate、醋酸汞 Mercurous acetate、吡啶基醋酸汞 Pyridyl mercurous acetate	杀虫剂	所有食品动物
19	性激素类:甲基睾丸酮 Methyltestosterone、丙酸睾酮 Testosterone Propionate 苯丙酸诺龙 Nandrolone Phenylpropionate、苯甲酸雌二醇 Estradiol Benzoate 及其盐、酯及制剂	促生长	所有食品动物
20	催眠、镇静类:氯丙嗪 Chlorpromazine、地西泮(安定) Diazepam 及其盐、酯及制剂	促生长	所有食品动物
21	硝基咪唑类:甲硝唑 Metronidazole、地美硝唑 Dimetronidazole 及其盐、酯及制剂	促生长	所有食品动物

注:食品动物是指各种供人食用或其产品供人食用的动物。
本附录内容摘自中华人民共和国农业部公告[2002]第[193]号。

附录八 常用清塘药物及使用方法

渔药名称	用法与用量(mg/L)	休药期(d)	注意事项
氧化钙 (生石灰)	350～400	≥10	不能与漂白粉、有机氯、重金属盐、有机络合物混用
漂白粉 (有效氯 ≥25%)	50～80	≥5	1. 勿用金属物品盛装。 2. 勿与酸、铵盐、生石灰混用
二氧化氯	1	≥10	1. 勿用金属物品盛装。 2. 勿与其他消毒剂混用
茶籽饼	15～20	≥3	粉碎后用水浸泡一昼夜,稀释连渣全池泼洒

注:清塘用药后的废水排放应注意对周围环境的影响

附录九 无公害食品 三疣梭子蟹养殖技术规范(NY T 5163—2002)

1 范围

本标准规定了三疣梭子蟹($Portunus\ trituberculatus\ Miers$)无公害养殖生产的亲蟹培育、苗种培育、人工养殖等技术。

本标准适用于三疣梭子蟹无公害苗种繁育和池塘养殖,其他养殖方式也可参照执行。

2 规范性引用文件

下列文件中的条款通过本标准的引用而成为本标准的条款。凡是注日期的引用文件,其随后所有的修改单(不包括勘误的内容)或修订版均不适用于本标准,然而,鼓励根据本标准达成协议的各方研究是否可使用这些文件的最新版本。凡是不注日期的引用文件,其最新版本适用于本标准。

GB 11607 渔业水质标准

GB 13078 饲料卫生标准

NY 5052 无公害食品 海水养殖用水水质

NY 5071 无公害食品 渔用药物使用准则

NY 5072 无公害食品 渔用配合饲料安全限量

3 亲蟹培育

3.1 培育池条件

以室内水泥池为宜,三分之二池底铺沙 10 cm～15 cm,水深 0.8 m 以上。进排水、控温、充气、控光设施齐全。

3.2 水质条件

海水水源水质符合 GB 11607 要求,培育水质符合 NY 5052 要求。用水要经过沉淀、过滤处理,盐度为 22～32。

3.3 质量要求

选择自然海区健壮活泼、肢体完整、无外伤、经交配后个体重 300 g 以上的雌蟹,抱卵蟹要求卵块轮廓完整。人工养成的种蟹控制在三代以内。

3.4 培育密度

5~6 只/平方米,抱卵后控制在 3 只/平方米以内。

3.5 越冬管理

水温 13℃左右入池,投喂优质鲜活饲料并适量换水,水温降至 8℃后潜沙进入越冬期,此时保持水温稳定,不投饲,少换水,避光,减少干扰。

3.6 强化培育

视生产需求确定升温促熟时机,每天升温 0.5℃,至 18℃~19℃恒温,按体重的 5%~8%足量投喂贝肉、沙蚕等优质鲜活饲料,及时清除残饵,换水、充气,保持水质清新。

4 苗种培育

4.1 育苗用水

按 3.2 执行。

4.2 育苗池

室内水泥池或大型玻璃钢水槽,面积宜 20~50 m^2,水深 1.5~2.0 m,有进排水、控温、控光和充气设施。

4.3 布苗方法和密度

将卵色呈灰黑色、胚体心跳达 150 次/分钟以上的亲蟹,经消毒处理后,放入网笼或塑料箱中,移入育苗池内排幼,幼体密度以 $15×10^4$~$25×10^4$ 尾/立方米为宜。

4.4 幼体培育

4.4.1 水温控制

布苗水温 19℃~20℃,Z_2 期~Z_4 期 20℃~24℃,大眼幼体期 24℃~25℃,日温差不超过 1℃,发育至仔蟹 I

期后逐渐降低温度至放养水温。

4.4.2 饲料投喂

Z_1期投喂硅藻类、金藻类等单胞藻和轮虫,Z_1期~Z_4期投喂轮虫和卤虫无节幼体,大眼幼体和仔蟹投喂卤虫成体、贝虾鱼肉碎末等,全程也可投喂专用配合饲料,并符合NY5072要求。日投喂4~8次。

4.4.3 水质管理

视水质情况更换池水,充气增氧,使溶解氧保持在5 mg/L以上。Z_4期后,可实行倒池和分池。

4.4.4 病害防治

对培养用水进行沉淀、过滤、消毒,提倡使用紫外线、臭氧等物理方法消毒处理;预防药物的使用应符合NY 5071要求,提倡使用微生态制剂和水质改良剂。

4.4.5 设置隐蔽物

进入大眼幼体后期,应设置网片、蛎壳等隐蔽物,以防互残。

4.5 苗种出池

仔蟹Ⅱ期~Ⅲ期即可出池。可用筛网捞取和集苗箱出苗。

5 人工养殖

5.1 养殖环境

要求潮流畅通,无污染,交通方便;水源符合GB 11607要求,盐度15~34;沙泥底或泥沙底质。

5.2 养殖设施

5.2.1 池塘

面积0.3~2.0 hm^2、水深1.5 m以上为宜,设进排水闸门、拦网等。

5.2.2　精养沙地

面积200～500 m²、水深0.5 m以上为宜,池底铺沙10～15 cm,设置统一的进排水沟。

5.2.3　低坝高网塘

面积0.3～1.0公顷,有排水闸门,堤上四周围网高于当地最高潮位0.8～1.0 m,网片下沿深埋泥下30～50 cm,退潮后能蓄水0.6～1.0 m。

5.3　放养前准备

5.3.1　清淤整池

收获后清除过厚淤泥,曝晒塘底,整修沟垄、塘埂、闸门;沙池须反复冲洗沙层。

5.3.2　消毒除害

放养前对养殖塘进行除害消毒处理,药物使用应符合NY 5071的要求。常用药物及使用方法见附录七。

5.3.3　设置隐蔽物

有条件的池塘,池底适量铺沙,并设置陶罐、瓦筒、网片、树枝、竹条等,便于隐蔽栖息。

5.3.4　进水培养基础饵料

放苗前15天,用网孔尺寸0.25 mm筛绢过滤进水30～50 cm,施肥培养基础饵料。肥料可根据当地水质选择使用,一般施氮肥2～4 mg/L、磷肥0.2～0.4 mg/L,或经发酵消毒的有机肥100～200 mg/L,使水色呈现黄绿色或黄褐色。施有机肥建议采用挂袋、投袋方法,并视水色情况适量注水或追肥。

5.4　苗种放养

5.4.1　放养时间

4～9月。

5.4.2　放苗条件

水温16℃以上,水深0.6~0.8 cm,透明度30~40 cm。大风、暴雨天不宜放苗。

5.4.3 苗种来源

人工繁苗和自然蟹苗。

5.4.4 苗种选择

5.4.4.1 苗种质量

选体型正常、肢体完整、个体健壮、爬行迅速、反应灵敏、无病无伤的青壳蟹苗。

5.4.4.2 人工蟹苗

宜选4月~6月份蜕壳1~2天后的Ⅱ期~Ⅲ期规格整齐的幼蟹,规格3.6×10^4~1.6×10^4只/千克。

5.4.4.3 自然蟹苗

宜在6~9月份选购就近海域捕获的、规格基本一致的自然幼蟹。

5.4.5 苗种运输

人工蟹苗可用聚乙烯塑料袋(40 cm×70 cm)充氧运输,每袋装苗50~100 g。规格大的幼蟹用苗箱和竹筐等运输,容器内放置网状网衣、水草等栖息物,运输途中适当浇淋海水;运输时间较长的用活水船、车,必要时采用控温措施。

自然蟹苗规格大于50 g以上,宜采用捆绑螯足后运输。

5.4.6 中间培育

刚出场的人工苗和规格较小的早期自然苗宜进行中间培育。在小型沙池中培育或在养殖池一侧设置培育区,放养密度15~20只/平方米,并按蟹体重的100%~200%投喂经绞碎的鲜活饲料,经12~20天培育至Ⅵ期~Ⅶ期(个体重1~3 g),放入池塘养殖。

5.4.7 放养密度

根据不同养殖方法和苗种规格确定放养密度。池塘专养的放养密度参见表1,与对虾、鱼类、贝类混养时,放养密度应相应减少。

表1 放养密度表

苗种来源	规格(只/千克)	放苗密度(只/公顷)
人工蟹苗	$3.6×10^4$～$1.6×10^4$	$9.0×10^4$～$7.5×10^4$
中间培育苗	2 800～300	$4.5×10^4$～$3.0×10^4$
自然蟹苗	2 800～140	$5.2×10^4$～$3.7×10^4$
自然蟹苗	64～30	$3.0×10^4$～$1.5×10^4$

5.5 养殖管理
5.5.1 水质控制
5.5.1.1 水质

水质符合 NY 5052 要求,最适温度 20℃～27℃,盐度为 15～34,pH 值 7.8～8.6,溶氧量(DO)5 mg/L 以上,铵态氮(NH^{-4}-N)0.5 mg/L 以下,硫化氢(H_2S)0.1 mg/L 以下,化学需氧量(COD)和五日生化需氧量(BOD_5)5 mg/L 以下;透明度在 30～40 cm。

5.5.1.2 换水

视水质情况,适时换水。前期以添水为主,中、后期适当换水。高温或低温季节应提高塘内水位,暴雨后及时排去上层淡水。

5.5.1.3 调控

每隔半个月,全池泼洒生石灰 15 mg/L;不定期投放微生态制剂和水质改良剂,改善水质和底质。

5.5.2 饲料投喂
5.5.2.1 饲料种类

短齿蛤、红肉蓝蛤、寻氏肌蛤、鸭嘴蛤等低值贝类和海捕小杂鱼虾及专用配合饲料,配合饲料质量应符合 GB 13078 和 NY 5072 的要求。

5.5.2.2 投饲量

不同生长阶段投喂鲜杂鱼虾饲料的参考量见表2,并根据天气、摄食情况作适当调整,大批蜕壳时要足量投喂。水温低于15℃、高于32℃时减少投饲量,8℃以下停止投喂。

表2 不同生长阶段投饲率表

生长阶段(期)	规格(只/千克)	日投饲率(%)
Ⅱ～Ⅴ	$3.6 \times 10^4 \sim 0.28 \times 10^4$	200～100
Ⅴ～Ⅶ	2 800～300	100～50
Ⅶ～Ⅷ	300～140	50～30
Ⅷ～Ⅹ	140～30	30～15
Ⅹ～Ⅻ	30～71	5～10
Ⅻ～ⅩⅢ	7～4	10～5
＞ⅩⅢ	＜4	5～3

注:日投饲率为每天投喂的饲料数量占池内蟹总重的百分比

5.5.2.3 投饲地点和时间

投喂地点选择在池塘四周的固定滩面上,早晚各投喂一次,傍晚占日总投饲量的70%。

5.5.3 雌雄配养

9月份以后梭子蟹进入交配期可起捕部分雄蟹,使雌雄比逐渐减少为3:1,5:1,直至10:1。此时收购用于育肥精养的自然蟹,也按此进行雌雄配养。

5.5.4 病害防治

5.5.4.1 预防措施

可采取以下措施:

a)干塘清淤消毒;

b) 放养优质苗种;

c) 合理投喂优质饲料;

d) 改善水质和改良底质;

e) 定期用生石灰 15 mg/L、漂白粉 1~1.5 mg/L、二氧化氯 0.5~0.6 mg/L 等消毒水体。

5.5.4.2 治疗方法

发现病害及时对症下药,采取相应措施,药物使用应符合 NY 5071 要求。

5.5.5 防止自残

可采取以下措施:

a) 设置隐蔽物;

b) 选择同规格蟹苗;

c) 投喂足量优质饲料;

d) 保持透明度在 30~40 cm;

e) 合理控制雌雄比例。

5.5.6 日常管理

5.5.6.1 巡塘

每天凌晨和傍晚各巡塘一次,观察水质变化,检查蟹的活动、摄食情况,检修养殖设施,发现问题及时解决。

5.5.6.2 生长及理化指标测定

定期测定蟹的壳宽、壳长、体重等生长指标,测定水温、pH 值、溶氧量(DO)等各项水质指标。

5.5.6.3 日常记录

建立生长档案,做好日常管理记录。

5.5.7 收获

5.5.7.1 起捕季节

适时起捕雄蟹,一般在 9~10 月份,雌蟹宜在膏红肉肥时上市。

5.5.7.2 起捕方法

用流网、蟹笼、放水、干塘等方法。

5.5.7.3 暂养

有条件的,可将起捕的蟹绑螯足后放入暂养池内待售。

5.5.7.4 运输

将商品蟹分雌雄、等级,用活水车或在冰水槽中浸泡3~5分钟麻痹后包装运输。

附录十 无公害三疣梭子蟹的检测与质量要求(NY 5162—2002)

1 检验规则

1.1 组批规则与抽样方法

(1)组批规则:养殖三疣梭子蟹以同一养殖场、同时收获的、养殖条件相同的为一个检验批次;海捕三疣梭子蟹以同时捕获、置于同船舱的蟹为一个检验批。

(2)抽样方法:每批产品随机抽取5~10只,用于感官检验。每批产品随机抽取至少3只,用于安全指标检验。

1.2 试样制备

至少取3只三疣梭子蟹清洗后,取可食部分(肉及性腺),绞碎混合均匀后备用;试样量为400 g,分为两份,其中一份用于检验,另一份作为留样。

1.3 检验分类

产品检验分为出厂检验和型式检验。

(1)出厂检验:每批产品应进行出厂检验。出厂检验由生产单位质量检验部门执行,检验项目为感官指标。

(2)型式检验:同 NY 5053—2001。

1.4 判定规则

(1)感官检验:所检项目应全部符合感官要求的各项规定;检验结果中有两项及两项以上指标不合格,则判为不合格;有一项指标不合格,允许重新抽样复检,如仍有不合格项则判为不合格。

(2)安全指标的检验:结果中有一项指标不合格,则判本批产品不合格,不得复检。

2 检验方法

2.1 感官检验

在光线充足、无异味的环境中,将试样置于白色搪瓷盘或不锈钢工作台上进行感官检验。当难以判定产品质量时,进行水煮试验。

水煮试验即在容器中加入 500~1 000 mL 饮用水,将水烧开后,将 2~3 只整蟹用清水洗净,放于容器中,盖上盖,煮 5~8 分钟后,打开盖,闻气味,品尝肉质。

2.2 有毒有害物质检验

三疣梭子蟹中有害元素、渔药的测定方法详见第二章至第四章。

3 感官要求

三疣梭子蟹的感官要求见表1。

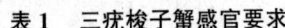

表1 三疣梭子蟹感官要求

项目	要求
外观	体表色泽正常,有光泽,脐上部无胃印
滋味、气味	具有活蟹固有鲜、腥气味,无异味
鳃	鳃丝清晰,白色或微褐色,无异味
组织	肉质紧密有弹性,蟹黄不流动

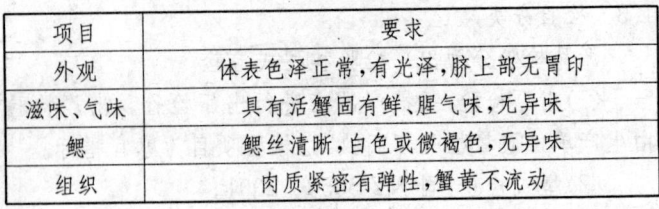

4 安全指标

三疣梭子蟹安全指标见表2。

表2 三疣梭子蟹安全指标

项目	指标	项目	指标
无机砷（以As计），mg/kg	≤1.0	镉（以Cd计），mg/kg	≤0.5
汞（以Hg计），mg/kg	≤1.0	土霉素，mg/kg	≤0.1（养殖蟹）
铅（以Pb计），mg/kg	≤1.0	磺胺类（总量），mg/kg	≤0.1（养殖蟹）

附录十一 国产筛绢、筛网型号、规格对照表

1 尼龙筛绢

型号	孔数/平方厘米	网目大小(mm)	型号	孔数/平方厘米	网目大小(mm)	型号	孔数/平方厘米	网目大小(mm)
GG50	361	0.345	SP45	2 270	0.114	NX61	3 721	0.095
52	393	0.325	50	2 785	0.094	64	4 096	0.093
54	427	0.309	56	3 467	0.085	73	5 329	0.079
56	465	0.291	58	3 820	0.078	79	6 241	0.076
58	495	0.286	NG7	49	0.980	95	9 025	0.063
60	521	0.280	13	169	0.540	103	10 609	0.055
62	558	0.265	15	225	0.417	NNX40	1 600	0.128
64	596	0.262	18	324	0.349	43	1 849	0.112

(续表)

型号	孔数/平方厘米	网目大小(mm)	型号	孔数/平方厘米	网目大小(mm)	型号	孔数/平方厘米	网目大小(mm)
66	635	0.252	19	361	0.340	46	2 116	0.104
68	675	0.250	22	484	0.268	49	2 401	0.098
70	717	0.238	23	529	0.248	52	2 704	0.081
72	803	0.217	24	576	0.245	64	4 096	0.073
SP38	1 612	0.133	26	676	0.242	70	4 900	0.061
40	1 774	0.127	NX34	1 156	0.177	76	5 776	0.053
42	1 945	0.121	58	3 364	0.102			

2 筛网

型号(目)	孔数/平方厘米	网目大小(mm)	型号(目)	孔数/平方厘米	网目大小(mm)
12	22	1.514	50	387	0.288
14	30	1.315	60	558	0.258
16	40	1.147	70	759	0.203
18	50	1.025	80	992	0.198
20	62	0.892	90	1 255	0.172
30	140	0.516	100	1 550	0.144
40	248	0.360			

注:筛绢丝细、筛网丝粗;GG、XX 为经平纬交织,SP 纬平织,易变形;GG、XX、NX 幅宽约为 140 cm,SP 幅宽近 130 cm。

附录十二 国际标准筛绢规格

号数	每网孔数	孔径(μm)	号数	每网孔数	孔径(μm)
0000	18	1 364	10	100	158
000	23	1 024	11	116	145
00	29	754	12	125	119
0	38	569	13	129	112
1	48	417	14	139	99
2	54	366	15	150	94
3	58	333	16	157	86
4	62	318	17	163	81
5	66	282	18	166	79
6	74	239	19	169	77
7	82	224	20	173	76
8	86	203	21	178	69
9	97	168	25	200	64

附录十三 不同温度下海水相对密度和盐度查对表

温度(℃)	相对密度							
	1.000	1.001	1.002	1.003	1.004	1.005	1.006	1.007
0				2.7	4.0	5.2	6.4	7.7
1				2.6	3.9	5.1	6.3	7.6
2				2.4	3.7	5.1	6.2	7.5
3				2.4	3.7	5.1	6.2	7.5
4				2.4	3.7	5.1	6.2	7.5
5				2.4	3.7	5.1	6.2	7.5
6				2.4	3.7	5.1	6.2	7.5

(续表)

温度(℃)	相对密度							
	1.000	1.001	1.002	1.003	1.004	1.005	1.006	1.007
7				2.5	3.8	5.1	6.3	7.6
8				2.6	3.9	5.1	6.4	7.7
9				2.6	3.9	5.2	6.5	7.7
10				2.7	4.0	5.3	6.6	7.8
11				2.9	4.2	5.4	6.7	8.0
12				3.0	4.3	5.5	6.8	8.1
13				3.1	4.4	5.7	7.0	8.3
14				3.3	4.6	5.9	7.2	8.5
15			2.0	3.4	4.7	6.0	7.3	8.6
16			2.3	3.6	4.9	6.2	7.5	8.8
17			2.5	3.7	5.1	6.4	7.7	9.0
18			2.8	4.0	5.4	6.7	8.0	9.3
19			3.0	4.3	5.6	6.9	8.2	9.5
20		1.8	3.2	4.5	5.9	7.2	8.5	9.8
21		2.1	3.4	4.7	6.1	7.4	8.7	10.0
22		2.4	3.7	5.0	6.4	7.7	9.0	10.3
23		2.7	4.0	5.3	6.6	7.9	9.2	10.6
24		2.9	4.3	5.6	7.0	8.3	9.6	10.9
25	1.9	3.2	4.5	5.8	7.3	8.6	9.9	11.2
26	2.3	3.6	4.9	6.2	7.6	8.9	10.3	11.6
27	2.6	3.9	5.2	6.6	7.9	9.2	10.6	11.9
28	2.9	4.3	5.6	7.0	8.3	9.6	11.0	12.3
29	3.2	4.7	6.0	7.3	8.6	10.0	11.3	12.7

(续表)

温度(℃)	相对密度							
	1.008	1.009	1.010	1.011	1.012	1.013	1.014	1.015
0	8.8	10.2	11.3	12.7	13.8	15.0	16.3	17.5
1	8.8	10.1	11.3	12.6	13.8	15.0	16.3	17.5
2	8.8	10.0	11.3	12.5	13.8	15.0	16.3	17.5
3	8.8	10.0	11.2	12.5	13.8	15.0	16.3	17.5
4	8.8	10.0	11.2	12.5	13.8	15.0	16.3	17.6
5	8.8	10.0	11.2	12.6	13.8	15.0	16.4	17.6
6	8.8	10.0	11.3	12.7	13.8	15.0	16.5	17.7
7	8.9	10.1	11.4	12.7	13.9	15.2	16.5	17.8
8	9.0	10.2	11.5	12.8	14.0	15.3	16.6	17.9
9	9.0	10.3	11.6	12.8	14.1	15.4	16.8	18.1
10	9.1	10.4	11.7	12.9	14.2	15.5	16.9	18.2
11	9.3	10.6	11.9	13.1	14.4	15.7	17.0	18.3
12	9.4	10.7	12.0	13.2	14.5	15.8	17.1	18.4
13	9.6	10.9	12.2	13.4	14.7	16.0	17.9	18.6
14	9.8	11.1	12.4	13.6	14.9	16.2	17.5	18.8
15	9.9	11.2	12.5	13.8	15.1	16.4	17.7	19.0
16	10.1	11.4	12.7	14.0	15.3	16.6	17.9	19.2
17	10.3	11.6	12.9	14.2	15.5	16.9	18.2	19.5
18	10.6	11.9	13.2	14.4	15.7	17.1	18.4	19.7
19	10.8	12.1	13.4	14.7	16.0	17.3	18.6	19.9
20	11.1	12.4	13.7	15.0	16.3	17.6	18.9	20.2
21	11.3	12.7	14.0	15.3	16.6	17.9	19.2	20.5
22	11.6	13.0	14.3	15.6	17.0	18.3	19.6	20.9
23	11.9	13.3	14.6	15.9	17.3	18.6	19.9	21.2
24	12.2	13.6	15.0	16.3	17.6	18.9	20.2	21.6
25	12.5	13.8	15.3	16.6	17.9	19.2	20.5	21.9
26	12.9	14.2	15.6	17.0	18.3	19.6	20.9	22.3
27	13.3	14.6	15.9	17.3	18.6	20.0	21.3	22.6
28	13.7	15.0	16.3	17.7	19.0	20.4	21.7	23.0
29	14.0	15.4	16.7	18.0	19.4	20.7	22.1	23.4

(续表)

温度(℃)	相对密度							
	1.016	1.017	1.018	1.019	1.020	1.021	1.022	1.023
0	18.8	20.0	21.3	22.5	23.8	25.0	26.3	27.5
1	18.8	20.1	21.3	22.5	23.8	25.0	26.3	27.5
2	18.8	20.1	21.3	22.5	23.8	25.0	26.3	27.5
3	18.8	20.1	21.3	22.6	23.9	25.1	26.4	27.6
4	18.8	20.1	21.3	22.6	24.0	25.1	26.5	27.6
5	18.9	20.2	21.4	22.7	24.1	25.2	26.5	27.8
6	19.0	20.3	21.5	22.8	24.1	25.3	26.6	27.9
7	19.0	20.3	21.6	22.9	24.1	25.4	26.7	28.1
8	19.1	20.4	21.7	23.0	24.2	25.5	26.8	28.2
9	19.3	20.6	21.9	23.2	24.4	25.7	27.0	28.3
10	19.4	20.7	22.0	23.3	24.6	25.8	27.1	28.4
11	19.6	20.9	22.2	23.5	24.8	26.0	27.3	28.6
12	19.7	21.1	22.4	23.7	24.9	26.2	27.5	28.8
13	19.9	21.3	22.6	23.9	25.1	26.4	27.7	29.0
14	20.1	21.5	22.8	24.1	25.3	26.6	27.9	29.2
15	20.3	21.7	23.0	24.3	25.5	26.8	28.1	29.4
16	20.5	21.9	23.2	24.5	25.8	27.1	28.4	29.7
17	20.8	22.1	23.4	24.7	26.1	27.4	28.7	30.0
18	21.0	22.3	23.6	24.9	26.3	27.6	28.9	30.2
19	21.3	22.6	23.9	25.2	26.6	27.9	29.2	30.5
20	21.6	22.9	24.2	25.5	26.9	28.2	29.5	31.0
21	21.9	23.3	24.6	25.9	27.2	28.6	29.9	31.2
22	22.3	23.6	25.0	26.3	27.6	28.9	30.2	31.5
23	22.6	23.8	25.3	26.6	27.9	29.2	30.5	32.0
24	22.9	24.2	25.6	26.9	28.3	29.6	30.9	32.2
25	23.3	24.6	25.9	27.2	28.6	29.9	31.2	32.6
26	23.7	25.0	26.3	27.6	29.0	30.3	31.6	33.0
27	24.0	25.3	26.3	28.0	29.3	30.6	31.9	33.3
28	24.4	25.7	27.0	28.4	29.7	31.0	32.3	33.7
29	24.7	26.1	27.4	28.8	32.1	31.4	32.7	34.0

(续表)

温度(℃)	相对密度						
	1.024	1.025	1.026	1.027	1.028	1.029	1.030
0	28.8	30.0	31.3	32.5	33.8	35.0	36.1
1	28.8	30.0	31.3	32.6	33.8	35.1	36.2
2	28.8	30.1	31.3	32.6	33.8	35.1	36.3
3	28.9	30.2	31.4	32.7	33.9	35.2	36.4
4	28.9	30.3	31.4	32.7	34.0	35.2	36.5
5	29.0	30.3	31.6	32.9	34.1	35.4	36.7
6	29.1	30.4	31.7	33.0	34.2	35.5	36.8
7	29.2	30.5	31.8	33.2	34.3	35.6	36.9
8	29.3	30.6	31.9	33.3	34.4	35.7	37.0
9	29.5	30.8	32.1	33.4	34.6	35.9	37.2
10	29.7	31.0	32.3	33.6	34.8	36.1	37.4
11	29.9	31.2	32.5	33.8	35.0	36.3	37.6
12	30.1	31.4	32.7	34.0	35.2	36.5	37.8
13	30.3	31.6	32.9	34.2	35.5	36.6	38.1
14	30.5	31.8	33.1	34.4	35.7	37.0	38.4
15	30.7	32.0	33.4	34.7	36.0	37.3	38.7
16	31.0	32.3	33.7	35.0	36.3	37.6	38.9
17	31.3	32.6	33.9	35.2	36.5	37.8	39.2
18	31.5	32.8	34.1	35.4	36.8	38.2	39.5
19	31.8	33.1	34.4	35.7	37.1	38.5	39.8
20	32.1	33.4	34.7	36.0	37.4	38.8	40.1
21	32.4	33.8	35.1	36.4	37.7	39.1	40.4
22	32.8	34.1	35.4	36.8	38.1	39.5	40.8
23	33.1	34.4	35.7	37.2	38.5	39.8	41.1
24	33.5	34.8	36.1	37.5	38.8	40.1	41.5
25	33.9	35.2	36.5	37.8	39.1	40.4	
26	34.3	35.6	36.9	38.2	39.5	40.8	
27	34.6	36.0	37.3	38.6	39.9	41.2	
28	35.1	36.4	37.7	39.0	40.3		
29	35.5	36.8	38.1	39.4	40.7		

附录十四 各种粪肥肥效成分含量

粪肥名称	氮(%)	磷(%)	钾(%)	每500g粪肥相当化肥的量		
				硫酸铵(kg)	过磷酸钙(kg)	硫酸钾(kg)
鲜人粪	1.30	0.50	0.40	32.50	14.75	3.70
鲜人尿	0.80	0.13	0.19	20.00	3.82	1.90
鲜人粪尿	0.83	0.26	0.21	20.75	7.65	2.10
鲜猪粪	0.61	0.23	0.28	15.25	6.76	2.80
腐熟猪粪	0.92	1.34	0.40	23.00	39.41	4.00
猪厩肥	0.45	0.19	0.60	11.25	5.59	6.00
鲜牛粪	0.29	0.17	0.10	7.25	5.00	1.00
牛厩肥	0.34	0.16	0.40	8.50	4.71	4.00
鲜马粪	0.40	0.30	0.40	10.00	8.82	4.00
腐熟厩肥	0.58	0.30	0.50	14.50	8.82	5.00
鲜羊粪	0.75	0.60	0.30	18.75	17.65	3.00
兔粪	1.77	1.33	1.94	44.25	39.12	19.40
鸡粪	1.63	1.54	0.85	40.75	45.29	8.50
鸭粪	1.60	0.40	0.60	40.00	11.76	6.00
鹅粪	0.55	1.54	0.95	13.75	15.88	9.50
鸽粪	5.49	1.77	2.27	137.25	52.06	22.70
干蚕沙	11.15	2.65	0.70	278.75	77.94	7.00

参考文献

[1] 王克行,等.虾蟹类增养殖学[M].北京:中国农业出版社,1998

[2] 刘洪军,冯蕾.海水经济蟹类养殖技术[M].北京:中国农业出版社,2002

[3] 李鲁晶,陈大刚,刘洪军.工厂化鱼虾蟹育苗技术[M].北京:中国农业出版社,2003

[4] 吴琴瑟,等.虾蟹养殖高产技术[M].北京:中国农业出版社,1992

[5] 冯兴钱,方家仲,等.锯缘青蟹养殖技术[M].杭州:浙江科学技术出版社,1994

[6] 雷霁霖,等.海珍品养殖技术[M].哈尔滨:黑龙江科学技术出版社,1996

[7] 谢忠明,等.海水养殖技术问答[M].北京:中国农业出版社,1995

[8] 童合一,等.浅海滩涂海产养殖致富指南[M].北京:金盾出版社,1988

[9] 周海鸥,等.90年代最新海水养殖技术[M].青岛:青岛出版社,1990

[10] 龚泉福,等.锯缘青蟹、河蟹、梭子蟹[M].上海:上海科学技术文献出版社,1997

[11] 缪国荣,王承录.海洋经济动植物发生学图集[M].青岛:青岛海洋大学出版社,1990

[12] 俞开康,战文斌,周丽.海水养殖病害诊断与防治手册[M].上海:上海科学技术出版社,2000

[13] 战文斌,等.水产动物病害学[M].北京:中国农业出版社,2004

[14] 郑永允,刘洪军,等.锯缘青蟹生产性人工育苗技术[J].齐鲁渔业.2000.1

[15] 陈德胜,林义浩.寡糖疫苗浸泡免疫预防锯缘青蟹弧菌病的探讨[J].水产科技.1999(5):35-37

[16] 吴洪喜,张季申,等.锯缘青蟹繁殖生态的初步研究[J].浙江水产学院学报.1998,17(4):281-286

[17] 林琼武,王桂忠,等.锯缘青蟹大眼幼体土池养成的试验研究.第二届全国水产青年学术研讨会论文集[C].青岛:中国水产学会,1996

[18] 王桂忠,李少菁,等.锯缘青蟹的人工育苗和养成试验研究[J].福建水产.1994,9:4-8

[19] 林琼武,李少菁,等.锯缘青蟹亲蟹驯养的实验研究[J].福建水产.1994,3:13-17

[20] 堀内敏明.锯缘青蟹的苗种生产[J].刘惠飞译.养殖.1990(5):114-119

[21] 龚孟忠.锯缘青蟹和三疣梭子蟹幼体饵料的研究

[J].水产科技情报.1994,21(5):206-210

[22] 王桂忠,林淑君,等.盐度对锯缘青蟹幼体存活与生长发育的影响[J].水产学报.1998,22(1):89-92

[23] 黄丁郎.蟳之人工繁殖.咸水及浅海养殖资料汇集.1984.6

[24] 艾文宏,王达芝.锯缘青蟹人工育苗试验[J].河北渔业.1997,(5):24-25

[25] 张义浩,严善裕,等.沿海滩涂锯缘青蟹坛式养殖研究[J].浙江水产学院学报.1997,16(2):109-115

[26] 沈江平,陈汉春,等.锯缘青蟹水泥池大棚越冬试验[J].浙江水产学院学报.1997,16(2):150-152

[27] 郭新堂,张修峰,等.三疣梭子蟹雌雄隔离养殖技术研究[J].海洋湖沼通报.1997,(3):71-74

[28] 薛俊增,堵南山,等.中国三疣梭子蟹的研究[J].东海海洋.1997,(4):60-64

[29] 王金山,刘洪军,等.三疣梭子蟹育苗技术探讨[J].水产科技情报.1997,24(2):83-86

[30] 张海,程宝平.三疣梭子蟹亲蟹的室内越冬及人工抱卵实验[J].河北渔业.1997(4):19-20

[31] 徐义平,李琼文,等.三疣梭子蟹生产性人工育苗[J].中国水产.1997(1):31-32

[32] 王育新.梭子蟹土池养殖.水产养殖[J].1997(1):7-8

[33] 姜洪亮,曹丽,等.三疣梭子蟹人工育苗试验报告.水产科学[J].1998,17(4):24-26

[34] 曾国权.浅释三疣梭子蟹幼体饵料的培养[J].河北渔业.1998(2):12-13

[35] 陈伟,张晓明,等.养殖三疣梭子蟹室内越冬试验[J].齐鲁渔业.1998,15(4):18-19

[36] 汤年进.三疣梭子蟹育苗饵料对比实验[J].齐鲁渔业.1998,15(4):44

[37] 薛俊增,堵南山,等.三疣梭子蟹活体胚胎发育的观察[J].动物学杂志.1998,33(6):45-49

[38] 苏亚云,赵连怀,等.三疣梭子蟹室内人工育苗实验[J].河北渔业.1998(5):12-13

[39] 张正光,王旌芳.梭子蟹养殖经验谈[J].养鱼世界.1998(7):35-37

[40] 金秀琴,吴振明.锯缘青蟹与梭子蟹主要疾病与防治[J].科学养鱼.1998(7):26-27

[41] 姜卫民,孟田湘,等.渤海日本鲟和三疣梭子蟹食性的研究[J].海洋水产研究.1998(1):53-59

[42] 汤全高,吴建平.锯缘青蟹的人工育苗试验[J].科技论文集.1996(8):44-46

[43] 王立超,林淑君,等.锯缘青蟹人工育苗试验[J].水产学报.1998,22(1):89-92

[44] 龚孟忠.锯缘青蟹与三疣梭子蟹幼体饵料的比较[J].台湾海峡.1998,17(增):16-21

[45] 汤全高,吴建平.锯缘青蟹抱卵蟹的培育[J].科技论文集.1996(8):47-48

[46] 纪荣兴,黄少涛.锯缘青蟹"黄体病"病原菌的研究[J].台湾海峡.1998,17(4):473-476

[47] 李少菁,曾朝曙,等.锯缘青蟹幼体发育过程中的营养需求与代谢机理[J].台湾海峡.1998,17(增):1-8

[48] 王振和,袁金红,等:三疣梭子蟹全人工养殖技术示范研究报告[J].天津水产.1999(2).15-19

[49] 石志洲.三疣梭子蟹池塘养殖技术[J].海洋渔业.1999(3):129-130

[50] 孔维军,李昕,等.三疣梭子蟹人工育苗实验[J].水产科学.1999,18(4):35-38

[51] 黄建华,马之明,等.远海梭子蟹人工育苗试验[J].水产科技.1999(2):121-123

[52] 郭元范.三疣梭子蟹苗种生产中防残网的投放[J].齐鲁渔业.1999,16(5):36-37

[53] 王力勇,赵强,等.三疣梭子蟹苗种生产的若干技术[J].水产科学.1999,18(6):40-45

[54] 刘振华,郑世竹,等.利用虾池养殖梭子蟹技术[J].科学养鱼.1999(8):23-24

[55] 陈陆林.室内梭子蟹冬季高密度培养育肥技术初探[J].天津水产.1999(4):37-38

[56] 李少菁,王桂忠.锯缘青蟹繁殖生物学及人工育苗和养成技术的研究[J].厦门大学学报.2001,40(2):552-563.